安徽省高校自然科学基金项目
"徽州近代建筑发展演变及其特征研究"（KJ2015ZD13）成果

徽州近代建筑图说

安 徽 建 筑 大 学

刘仁义　张笑笑　等编著

中国建筑工业出版社

图书在版编目（CIP）数据

徽州近代建筑图说／刘仁义，张笑笑等编著. —北京：
中国建筑工业出版社，2019.1（2023.12 重印）
　ISBN 978-7-112-22931-4

　Ⅰ. ①徽…　Ⅱ. ①刘…　②张…　Ⅲ. ①建筑艺术－
徽州地区－图集　Ⅳ. ①TU-881.2

中国版本图书馆CIP数据核字（2018）第258281号

责任编辑：费海玲　焦　阳
书籍设计：锋尚设计
责任校对：芦欣甜

徽州近代建筑图说
安 徽 建 筑 大 学
刘仁义　张笑笑　等编著
*
中国建筑工业出版社出版、发行（北京海淀三里河路9号）
各地新华书店、建筑书店经销
北京锋尚制版有限公司制版
北京中科印刷有限公司印刷
*
开本：889×1194毫米　1/20　印张：8　字数：263千字
2019年3月第一版　　2023年12月第三次印刷
定价：78.00元
ISBN 978-7-112-22931-4
（33008）

前言

　　近代建筑的发展起源于近代时期开放的通商口岸城市，这些城市称为开埠城市，近代建筑发展初期主要分布于东南沿海，后发展到内陆沿江地区。开埠城市中近代建筑的发展一般是以西方殖民者所占据的"租界区"为中心，逐步发散影响到周边的非租界区。反映在建筑上的变化，便是西式建筑"空降"到中西合璧式建筑的出现，即西方建筑师和工匠在租界区内新建西式或整体模仿型建筑，后周边地区模仿学习租界区而形成一种杂糅的风格——中西合璧式建筑风格，这是一个由被动接受到主动吸收的过程。对于大部分开埠城市而言，形成了殖民者所带来的西式建筑风格、殖民地式整体模仿型建筑风格与中国本地在传统建筑基础上发展而来的近代建筑及中西合璧式建筑风格。

　　徽州地处群山之中，以村落为主，受到西方文化及思想的冲击相比于沿海城市较少，多由近代时期的徽州在外商人、留学生带回家乡。相对于近代城市建筑而言，可以将徽州近代建筑归纳为近代乡村建筑，因其本身有独特的发展轨迹。徽州近代建筑的主要风格大致可以分为三类：1. 徽州传统建筑风格的发展和延续，这一类的数量相对较多；2. 由接触过西方文化的商人、留学生所建的中西合璧类建筑，这类人群相对较少；3. 由外国传教士所建，或是由某些特殊原因而建成的整体模仿型建筑，这类建筑在徽州地区寥寥无几。

　　《徽州近代建筑图说》将徽州近代建筑按照使用性质分为：民居类、商业（公共）类、文教类、祠堂类、宗教类、军事类以及构筑物，并按此展开，进行实地勘察、精细测绘和历史资料整理，以图说形式对其各类属性加以注释说明，并对徽州近代建筑特征进行归纳总结。

　　本书可为历史建筑相关科研设计机构提供参照，为徽州建筑研究提供较为完整的基础资料，也可为高校建筑学、城乡规划学、风景园林学，以及史学等学科提供辅助教材。

目　录
Contents

一、徽州近代民居建筑

居住建筑是徽州地区数量最多、分布最广的建筑类型，几乎徽州地区每个村落都可以找到近代时期所建的民居。据综合调查，歙县现存居住建筑1152栋，黟县现存302栋，祁门现存173栋，休宁现存371栋。居住建筑是人们安身立命之所，因此其显示出了相当的稳定性，其遗存状况相对较好，历经新中国成立后数十年时间，建筑的外观和内部空间几乎没有大规模改动。虽然部分建筑由于新中国成立后徽州地区宗族社会的解体、社会观念的变革等导致部分民居空间的划分有了变异，但是总体而言，徽州近代民居保留程度较为完整，具有较高的可考证性。许多民居为了适应现代城镇生活做出些许变动，但大部分村落的居住建筑仍然保持了原貌，徽州村落中所遗存的近代民居具有较高的研究价值。

徽州近代时期的民居多延续徽州传统建筑风格，而少部分民居则吸收了西方建筑元素，形成了中西合璧式的建筑风格，这部分民居是近代徽州中西方文化交融的产物之一。

1. 四宝堂

　　四宝堂，位于安徽省黄山市歙县古城内，其建筑外观与内部构件细节都受到西方建筑风格的影响，建筑整体保存良好。

图 1-1
四宝堂门罩
来源：自摄

————————

简化了徽州传统
建筑典型"商"
形门的式样。

图 1-2
四宝堂窗
来源：自摄

窗楣的形态已与传统大不相同，显然受到西方样式的影响，与西式三角形山花较为相似，系采用条石打磨出装饰线条而成；窗楣下还有类似西方装饰做法的花草纹样，而传统窗楣下基本无任何装饰；此外，图中可见窗套与窗台，这均是传统徽州民居窗户所不曾有的，其中窗套系采用条石打磨出线条用粘结材料固定于墙体上。

图 1-3
四宝堂内部装饰
来源：自摄

内部装饰图案以简洁图案和线性组合为主。

图 1-4
四宝堂门把手
来源：自摄

门把手为铁质件，可以说是当时的新材料，且形状为椭圆，也与传统形制大相径庭。

图 1-5
四宝堂门扇
来源：自摄

门扇式样与传统的使用植物、花卉等形式不同，为近现代惯用的几何图形。

图 1-6
四宝堂楼梯扶手
来源：自摄

楼梯扶手强调收分，底部宽，上部稍窄，且挖出线条凹槽，工艺十分考究。

2. 知还山庄

知还山庄由当地徽商谭芝屏所建。民国九年动工，民国十六年建成。山庄内建有花园、庭院、水池等。主楼外部为欧洲建筑风格，内部多为徽州传统建筑元素，坐北朝南，长方形，两层楼。面阔 12.8m，进深 24m，楼高 12m，建筑面积 614m^2。一楼、二楼地面为木板铺设，一楼地板下为 1.3m 高的隔层空间便于通风排水。二楼前后走廊是钢混结构，内墙刷油漆，并有墙裙。窗户均安装铁栅栏、玻璃双层窗门，楼上楼下各有前后两个大厅、四个大房间，房间之间有的相通。回转式楼梯设在东侧，宽 2m。照壁后有造型美观的玻璃顶棚，楼上楼下均可采光，二楼环绕顶棚的是雕花木制栏杆。现为耿城镇综合文化中心。

知还山庄建筑形制在黄山区（黄山市）乃至全省为数极为少见，属于尚存的近代建筑的精品，为研究西方建筑本地化提供了宝贵的实物资料，具有重要的历史价值和文化艺术研究价值。

图 1-7
知还山庄
来源：自摄

图 1-8

知还山庄内部楼梯

来源：自摄

建筑内部的楼梯扶手受近代西方
建筑式样对徽州民居风格的影响，
相比传统扶手产生了较大差别。

图 1-9

知还山庄封闭的天井

来源：自摄

天井的形式已经发生了变化，在天井
上由四坡水屋顶围合而成的方形玻璃
天窗，造型美观、采光良好，还能解
决雨水落入天井内而造成的潮湿问题。

图 1-10

知还山庄柱式

来源：自摄

入口立柱为简化过后的类西方古典柱式。

图 1-11

知还山庄窗扇

来源：自摄

窗户也受到了西方窗户形制的影响，在传统木质隔窗上部增设半圆形玫瑰窗，较为新颖。

3. 黯然别墅

黯然别墅位于安徽省宣城市旌德县白地镇，江村——坐落在黄山脚下的，一个具有深厚历史文化底蕴，历经沧桑的村庄。黯然别墅始建于1927年，是江氏族长江坦仁的居所，俗称"老旦新屋"，也是民国安徽省省长江绍杰的故居。它基本上保留了徽州传统建筑的特征，但又体现了西式建筑的部分特点，是清末到民国徽州建筑的缩影。黯然别墅在徽州民居诸多特征中与众不同，现保存状况良好。

图 1-12
黯然别墅
来源：自摄
————————

建筑坐东朝西，砖木结构。走进一道古色古香的，门额上题有"黯然别墅"四个大字的圆门，眼前豁然开朗、幽雅洁净。由于位置独特，房屋中有较大的一块空地，作为晾晒衣服和堆积草料的场地。

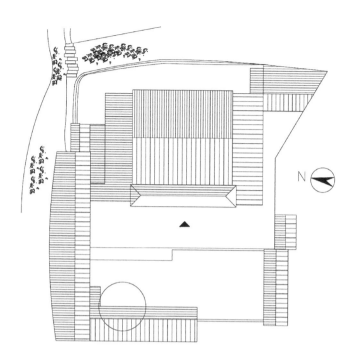

图 1-13

黯然别墅总平面图

来源：自绘

住宅占地294m²，平面基本呈方形，以三合院作为一个基本单位，对称布局。

图 1-14

黯然别墅一层平面图

来源：自绘

与其他徽州建筑大相径庭的是这座建筑的天井结构。一层平面设"天井"，而二层的楼层却又设了一个跑马廊性质的廊子，将其框在屋内，同时又加了屋顶，使其并不成为真正意义上的天井，倒很有些现代建筑的共享大厅的意思。

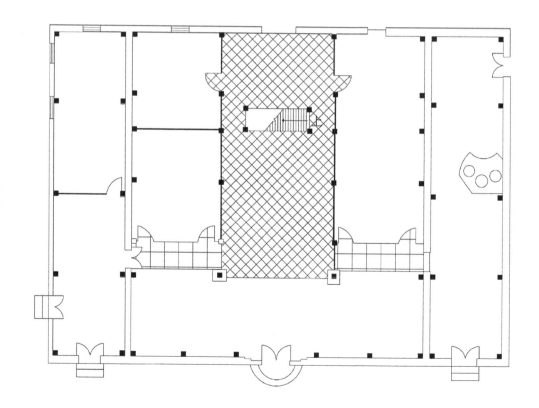

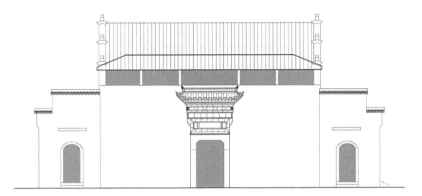

图 1-15
黯然别墅正立面虚实对比
来源：自绘

局部模仿型建筑最明显的造型特征便是开窗面积增大，并且多有窗楣，这些大面积的窗或拱形窗及窗楣使得这些建筑具有了"洋味"的同时更增加了建筑立面的开放性和设计性。

图 1-16
黯然别墅内部空间
来源：自摄

沿用了徽州传统民居的平面形式，在入口处即设置了天井空间，但是上方的屋顶却闭合。在二层设置了观景台，以满足封闭天井后建筑采光通风的物理环境要求和与自然交流的精神需求。

图 1-17
黯然别墅入口门罩
来源：自摄

受西式建筑文化的影响，人们更追求建筑的功能性与实用性，使得具有装饰作用的门楼被简化处理。

图 1-18
黯然别墅楼梯
来源：自摄

扶手形式与传统样式相比，线条更为流畅，造型更为简洁。

4. 胡适故居

　　胡适故居位于安徽省绩溪县上庄村，始建于清光绪二十三年（1897年）。占地面积 180m^2，是一座三开间、两进的典型徽州传统民居。室内外砖木雕刻均出自当地名家之手。故居为胡适少年时代读书、青年时代结婚的居室，现存状况良好。

图 1-19
胡适故居入口门罩
来源：自摄

故居"粉墙黛黛，鸳瓦鳞鳞"，是典型的晚清徽派建筑。按照"略施雕刻以存其朴素"的审美情趣，装饰素雅大方。

图 1-20
胡适故居兰花木雕
来源：自摄

厢房门窗上的兰花木雕，图案明快、清晰，保存完好，系出自胡开文墨庄制模高师胡国宾之手，胡适在台湾被谱成曲并风靡一时的诗作"我从山中来，带来兰花草"的灵感概源于此——彰显近代建筑特征。

图 1-21
胡适故居雕花婚床
来源：自摄

胡适 1917 年返故里与江冬秀完婚时的婚房，雕花婚床、妆奁、红木家具给人以无限的遐思，与婚房连通的书房更体现出胡适的书生本色。

图 1-22

胡适故居书房

来源：自摄

窗扇采用玻璃材质，去除烦琐的装饰，近代化特征明显。

图 1-23

胡适故居书房

来源：自摄

有独立的书房且与卧室相连，窗扇的设置使书房具有良好的采光。

5. 承志堂

　　安徽黟县承志堂建于 1855 年前后，为清末盐商汪定贵住宅。砖木结构，全屋有木柱 136 根，大小天井 9 个，7 处楼层，大小 60 间，门 60 个，占地面积 2100m²，建筑面积 3000m²。承志堂前院低后院高，寓为"步步高升"。院落布局合理，以一条主廊连接各个厅堂及厢房，供行走之用，可与过水廊连接，环绕承志堂一周，所谓"绕屋一周而不湿鞋"。前堂是回廊三间结构，分上下厅，雕梁画栋，天井四周为锡打水枧，上有"天锡纯嘏"四个大字。后堂和前堂的结构基本相同。内院有轿廊，用以停放轿子。轿廊西侧是鱼塘厅，呈三角形结构。承志堂整体建筑风貌延续了传统民居的风格，且由于规模宏大、雕刻奢华精美而被誉为"民间故宫"。

图 1-24
承志堂
来源：自摄

图 1-25
承志堂入口
来源：自摄

入口虽为典型的"八字"形制，且形制内容也较丰富，但门楼雕刻已趋于简化，形状简洁，较为规整。

图 1-26
承志堂天井
来源：自摄

在中门"福"字的上方，镶有一幅木雕"百子闹元宵"图，图上雕刻着100个小男孩过元宵闹花灯时的情景，形态各异，惟妙惟肖，是古代传统观念"多子多福"的生动写照。

图 1-27
承志堂回廊顶部
来源：自摄

拱棚上镶有金狮滚球木雕，流光溢彩，生动逼真。

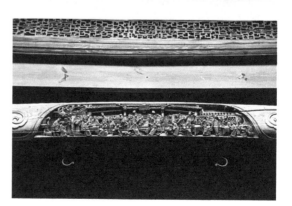

图 1-29
承志堂木雕
来源：自摄

额枋上刻有一
幅"唐肃宗宴官
图"，众官员棋
琴书画各得其
乐，坐站行止姿
态各异。

6. 涵庐

　　涵庐位于江西省婺源县豸峰村，建于 1927 年左右，由民国学者潘方跃所建，其早年曾留学海外，民国期间曾任安徽省教育厅厅长。涵庐外观虽保留了封火墙的外部轮廓，但是封火墙面开窗洞数量和面积明显超过了传统建筑，且窗形制既有传统建筑的方形窗和徽式小窗，又有古罗马式拱形窗。此外，在建筑西侧的立面顶部使用了英文字母为装饰，只是工匠的失误将字母 D 刻反了。涵庐的建筑特征反映出了建造者对于中西文化的共同追求。

图 1-30
涵庐
来源：自摄

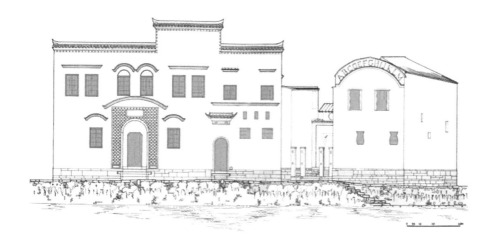

图 1-31

涵庐立面虚实对比分析

来源：自绘

与传统建筑相比，局部模
仿型建筑的虚实比通常在
1：1~10，这大大超过了
传统建筑的虚实比，可以
看出局部模仿型建筑的开
放性提高，说明居住者的
心态更加开放，不再一味
封锁自己。

图 1-32

涵庐立面

来源：自摄

在建筑东侧的厨房立面上，不仅运用了曲
线的山墙，更沿着曲线刻印了英文字母进
行装饰，由于徽州地区对于英文几乎不了
解，工匠还将字母 D 刻反了。这种以英文
字母作为立面装饰的手法在徽州地区可谓
绝无仅有，也说明当时对于西方文化表面
上的浅显模仿。

7. 进修堂

　　进修堂位于旌德县江村，始建于 1906 年，完工于 1914 年。正屋门楼上砖刻"庚星焕彩"四字，正堂悬有"进修堂"匾额。该堂是江氏族长江坦仁为时任芜湖道尹本家江绍杰所建。江绍杰曾留学日本法政大学，后为民国安徽省代理省长。他回乡省亲，在此堂接见了地方绅士和官员。

图 1-33
进修堂主入口
来源：自摄

入口"雨棚"明显简化，去除烦琐的雕饰。"商"形门脸只可意会，述之无味。

图 1-34
进修堂
来源：自摄

封火墙及屋面檐口排水等更加强调实用功能性，或多或少摈弃了装饰。

图 1-35
进修堂内院空间
来源：自摄

"冬瓜梁"省去了雕刻，更加趋于受力要求。

图 1-36
进修堂美人靠
来源：自摄

———————

美人靠简化为平直的几何图案，
不似惯常做法烦琐。

图 1-37
进修堂木雕
来源：自摄

———————

撑栱上雕刻有狮子图像，线条流
畅、细腻，形象逼真。

8. 吾爱吾庐

近代时期传统建筑的另一典型之作是黟县关麓的"八大家"。"八大家"是指位于关麓村的建筑群，由徽商汪氏昭学公所生的八个儿子及其后裔所建，占地约15亩，共有大小民居30余栋。"八大家"除满春庭建于清乾隆年间，其余皆建于近代。关麓"八大家"中，最具代表性的当属问渠书屋。问渠书屋为园林式建筑，南侧相邻"八大家"敦睦堂，以一小院为过渡。后有一鱼塘，鱼塘两侧为厢房，后有石阶通向正厅，故又称问渠书屋为"鱼塘厅"。问渠书屋于"文革"时期被毁，现在原址上建造了关麓小学。"八大家"是昭学公后人聚族而居、相继构筑的联体宅邸，各家既相对独立，自成一体，各有厅堂、天井和花园庭院等；又相互通达，屋楼上下有门户将其串联，共成一个整体，结构别致、设计精巧，是徽州地区少有的联体宅邸的典范之作。

而"吾爱吾庐"就是关麓八大家中老大汪令銮于清咸丰年间建造的一处宅院，距今已有150余年的历史，书斋式建筑，内设回廊，有画帘门、树叶门。"吾爱吾庐"的门额为清末书法家赵之谦所书，其意典出于陶渊明《读山海经》中的"仲夏草木长，绕屋树扶疏；众鸟欣有托，吾亦爱吾庐。"

图 1-38
吾爱吾庐
来源：自摄

图 1-39
吾爱吾庐内院
来源：自摄

正厅两侧为廊道，两面三厢房，正厅窗户面朝庭院，一反古民居惯例，又宽又大，正厅四面隔扇皆雕以花纹，房内采光较好，十分明亮。

图 1-40
吾爱吾庐回廊顶部彩绘
来源：自摄

顶部彩绘色彩淡雅，图案简洁，反映出房屋主人独特的审美喜好。

图 1-41

吾爱吾庐树叶门

来源：自摄

侧廊通往正厅两侧的右侧仪门，为柳叶形态，形式十分独特。

图 1-42

吾爱吾庐画帘门

来源：自摄

与右侧门洞类似，左边门洞为画帘形，行走其中，如同画中人一般。

图 1-43
吾爱吾庐回廊顶部藻井（1）
来源：自摄

图 1-44
吾爱吾庐回廊顶部藻井（2）
来源：自摄

图 1-45
吾爱吾庐室内顶部藻井（3）
来源：自摄

顶部藻井图案多为鲤鱼，成群追逐嬉戏，大者盈米、小者盈尺，这
象征鲤鱼跳龙门，其意是对在此处求学的弟子们的一种勉励。

9. 敬慎堂

敬慎堂建成于 1945 年，为巨商詹励吾私宅，民国时期建筑。占地 1300m²，保存现状较好。东临桃溪河的三间两厢老屋系詹励吾祖居屋，是詹励吾祖父建造，再由詹励吾出资大修，加建后堂作为阳楼；南、西、北三面"围屋"为詹励吾所建。而"敬慎堂"实指西边靠山脚的部分，也是相对独立的突出部分。"敬慎堂"外观是西洋式格局，屋内仿南京总统府结构，建筑形制颇似北京四合院。青砖勾缝，墙内设有通水道，因而墙体厚度是普通砖墙的两至三倍。庭院内有 100m² 的花园，并设有东、南、西、北楼，以走马楼为中心，楼楼互通，各楼均有前、后堂。人物山水的木刻、石刻随处可见，工艺精湛。此建筑是詹励吾为其母亲六十五岁寿庆而专门建造，并于面墙上砖雕了由108 个不同篆体"寿"字所组成的"百寿图"。

图 1-46

敬慎堂
来源：自摄

建筑在空间和造型特征上都体现出了明显的西式风格，在空间上用八角形天窗代替了传统天井空间。在立面造型上采用了磨砖对缝砌筑墙面仿西方古典府邸追求厚重感、质感和量感的风格，同时窗楣采用半圆形窗券，隅石护边，是典型的文艺复兴风格府邸建筑的变体，被誉为"深山总统府"。

图 1-47
敬慎堂外窗
来源：自摄

窗楣采用半圆形窗券的变形，砖砌的墙面上镶入石质的几何图案。最终呈现出的立面，尤其是窗洞形态几何感较强，整体建筑形象浑厚庄重。

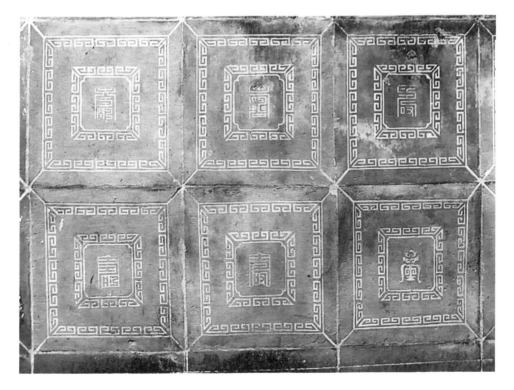

图 1-48
敬慎堂百寿图细部
来源：自摄

建筑内部的纹样装饰依旧保有传统特色，如图中百寿图，使用了传统的回字文，中间有多种字体的"寿"字，寓意主人长寿安康。

10. 南屏小洋楼

　　黟县南屏村小洋楼，又名"孝思"，建于清代末年，在南屏村特别显眼。楼为木结构，第四层其实是在三顶层上升起一座约 $10m^2$ 的亭子，亭子四周设栏杆。该建筑立面开窗面积和数量上较传统徽州建筑明显增多，且窗形制模仿了古罗马的半圆，并设置几何形的窗楣，屋顶使用四坡水且坡度较小，近观建筑会有一种平屋顶的错觉。由于该建筑打破了传统徽州的一般形式，学习了西式府邸的形制，被村里人称为"小洋楼"。但是，小洋楼无檐口和线脚，立面较平，缺少凹凸立面，窗楣山花虽仿自西式建筑，却采用了徽州传统瓦石技术，呈线状，没有洋山花的雕刻感，所以建筑整体仍然显现出了较强的徽州建筑特征。

图 1-49
南屏小洋楼
来源：自摄

图 1-50
南屏小洋楼实景
来源：自摄

将天井空间改建成了屋顶亭台。面积约有 10m²，不仅丰富了建筑造型，提升了建筑高度，同时丰富了建筑的空间形式。

图 1-51
南屏小洋楼西立面
来源：自摄

西立面上的开窗较传统数量大为增加，且引入西式券窗，呈线性排列，使立面呈现出一种中西合璧的风貌。

11. 桃李园

桃李园位于歙县西递镇横路街中部，建于清咸丰年间，是西递徽商胡元熙的旧宅，也是西递唯一的住宅、书馆相配的建筑。后进厅堂两侧有12块雕花木板，上面依次镶西递风景图，有书法漆雕《醉翁亭记》全文是出自康熙年间古黟书法家黄元治之手，十分珍贵。

图 1-52

桃李园门罩
来源：自摄

房子由"一儒一商"两兄弟构思、规划、营造而成；分为前、中、后三进，背向序列三间。

图 1-53
桃李园天井
来源：自摄

天井院内部木雕繁复精致，多
为传统纹饰。内部整体布局与
传统徽州民居基本一致。

图 1-54
桃李园门扇
来源：自摄

前进为共用，便房为佣人所用，
二、三进为商、儒二兄自用。
二进为经商者所建，儒者所建
的第三进，门额上有汪士道书
写的："桃花源里人家"石刻。

12. 黟县黄村宅邸

　　黟县黄村宅邸明显具有近代徽州建筑特征，此类建筑数量较多。其特点表现为：平面功能布局与传统建筑并无二致，仅在立面开窗、门洞等形式上表现出对西式建筑的局部模仿。

图 1-55

黟县黄村宅邸
来源：自摄

从其入口立面来看，形式上较为显著的改变为其窗套部分，在材质与颜色上也与传统徽州建筑有着显著差别。

图 1-56

黟县黄村宅邸

来源：自摄

建筑外部保留了许多传统特征，如马头墙、窗楣等。

图 1-57

黟县黄村宅邸

来源：自摄

立面上开窗面积增大，选取当地材料烧砖，呈现出特有的红色，这些都与传统徽州民居有着显著差别。

13. 南薰别墅

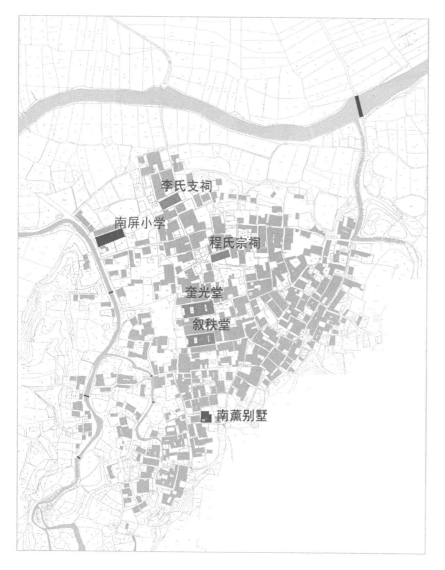

南薰别墅位于安徽省黟县南屏村，始建于清道光年间，距今170余年，因其大门正对风光绮丽的南屏山而得名。南薰别墅虽小，但环境优雅，布局合理，木雕精美，紧凑的安排给人一种"小巧玲珑"的感觉。

图 1-59
黟县南屏村鸟瞰图
来源：自摄

图 1-58
黟县南屏村总平面图
来源：自绘

图 1-60
南薰别墅外观效果图
来源：自绘

建筑的平面形式与传统的徽州民居不同，并非采取以"天井院"为核心的空间组织形式，布局上较为自由。封火墙也并未完全按照传统的形式做法，更多起到了装饰性的作用。

图 1-61
南薰别墅门罩
来源：自摄

在细部装饰上，"南薰别墅"依旧保留了传统徽州民居的做法，从门罩上精美的砖石雕刻可见一斑。

图 1-62

南薰别墅二层栏杆

来源：自摄

内部采用了传统的木结构体系，细部装饰几何化较为简洁，如图示栏杆。

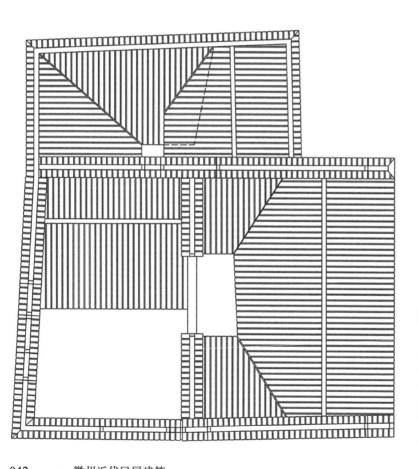

图 1-63

南薰别墅屋顶平面图

来源：自绘

传统民居在平面上多沿进深方向依次组织院落空间，有明显的中轴线。而"南薰别墅"的平面布局较为自由，并未严格按照传统形式组织院落空间。

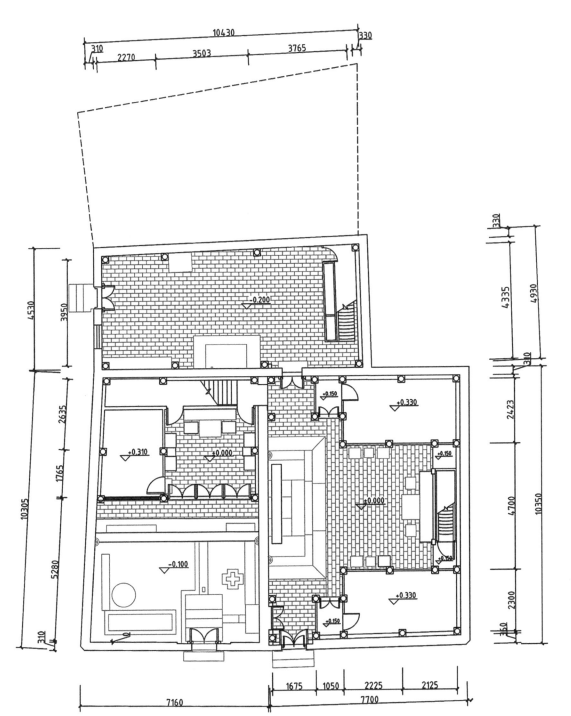

图 1-64

南薰别墅一层平面图
来源：自绘

南薰别墅以天井、院落来组织整个空间环境，形成了独处一隅的空间，在室内外空间的过渡转换中不断赋予人们不同的空间感受。其主入口并未设在正厅的中轴线上，而是开在正厅的一侧，有别于其他民居，正厅是明三间布局格式，宽敞明亮，光线透进宽大的天井，可一直照射到厅堂后部。

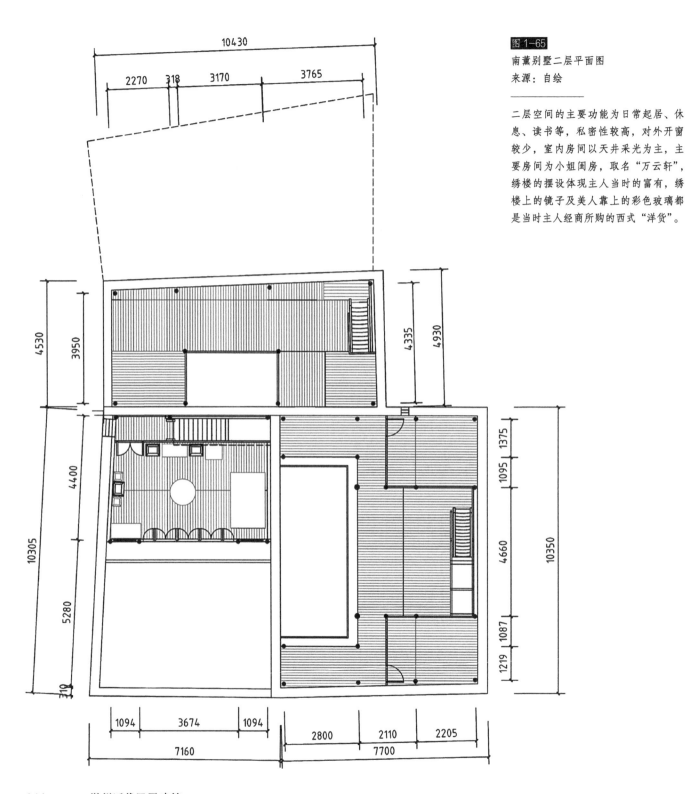

图 1-65

南薰别墅二层平面图

来源：自绘

二层空间的主要功能为日常起居、休息、读书等，私密性较高，对外开窗较少，室内房间以天井采光为主，主要房间为小姐闺房，取名"万云轩"，绣楼的摆设体现主人当时的富有，绣楼上的镜子及美人靠上的彩色玻璃都是当时主人经商所购的西式"洋货"。

图 1-66

南薰别墅正立面图

来源：自绘

南薰别墅的正立面采用跌落式的形态，虚实结合，入口处的门罩既有引开雨水的实用功能，更有一种装饰美，是入口的标志、房屋的门面，因此大都雕刻精美考究。

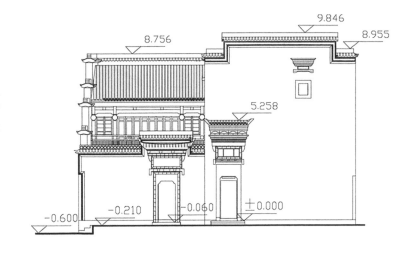

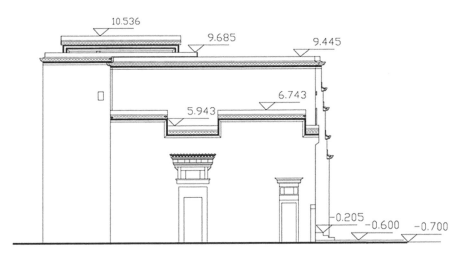

图 1-67

南薰别墅背立面图

来源：自绘

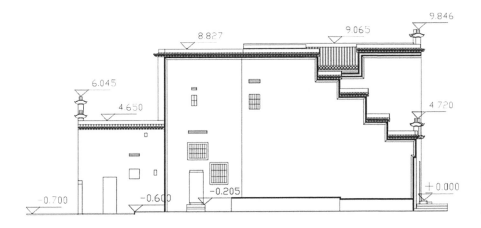

图 1-68

南薰别墅侧立面图

来源：自绘

13. 南薰别墅　045

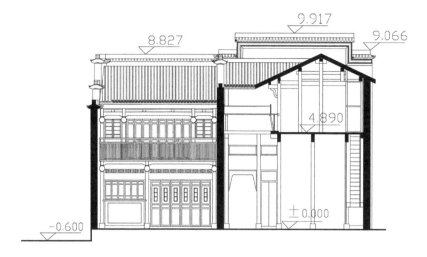

图 1-69
南薰别墅剖面图
来源：自绘

明清徽州木结构古民宅，楼上下可为通柱，亦可为断柱，楼上断柱立于楼下承重大梁或穿梁上。南薰别墅的底层和楼层上下面阔虽一致，上下层梁架在同一垂直面上，但由于楼层前后檐向天井挑出，导致底层和楼层柱不在一条垂直线上。

图 1-70
南薰别墅剖面图
来源：自绘

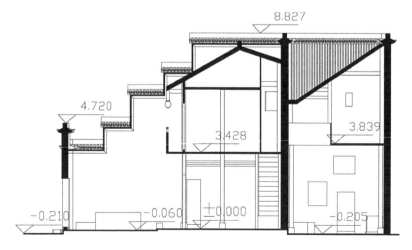

图 1-71
南薰别墅剖面图
来源：自绘

14. 慎思堂

图 1-72
慎思堂厅堂空间
来源：自摄

慎思堂位于黄山市南屏村西南方，建于清咸丰年间，是一幢坐西朝东，两进三开间的建筑，门口一字排开有三扇门，虽朝着同一个方向却没有在一条直线上完成。慎思堂是承须徽州建筑的典型代表。

整栋建筑各个构件都是以精美的木雕为主，与众不同之处，运用了清水雕修饰方法使房子表现得窗明几净、古朴自然。后进作为长辈居住场所，建筑手法是越人干栏式和四合屋的结合，外界看来形成了高墙深巷的效果。这种建筑方式与徽州的地理环境有密切关系，久而久之构成了徽州村庄这一密集建筑群体。

图 1-73
慎思堂总平面图
来源：自绘

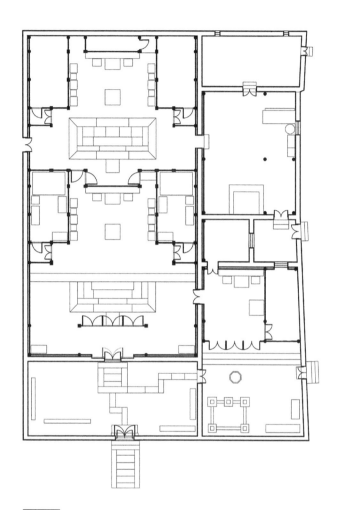

图 1-74
慎思堂一层平面图
来源：自绘

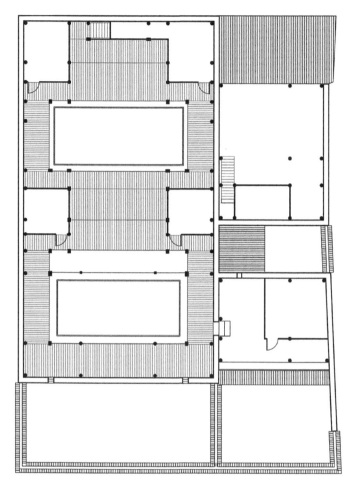

图 1-75
慎思堂二层平面图
来源：自绘

慎思堂为前后两进三间院落式布局，明间开阔、次间较窄，建筑沿中轴线对称布局，主次分明、尊卑有序，是封建等级制度在建筑中的体现。首先第一进是一个长方形院落，空间较为封闭，穿过院落是一个小天井，且光线逐渐变暗，暗示着正厅空间的到来，拾级而上就到达了建筑的第二进空间——正厅及厢房。正厅和厢房也是围绕着天井而展开，体现出天井空间在徽州建筑中的重要作用。

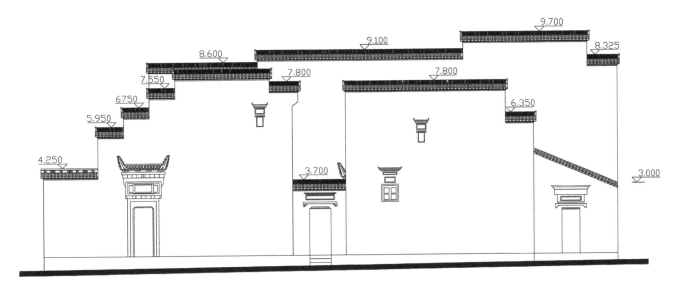

图 1-76

慎思堂北立面图

来源：自绘

慎思堂的北立面采用跌落式的布局形态，开窗较少，具有较强的内向性和封闭性。

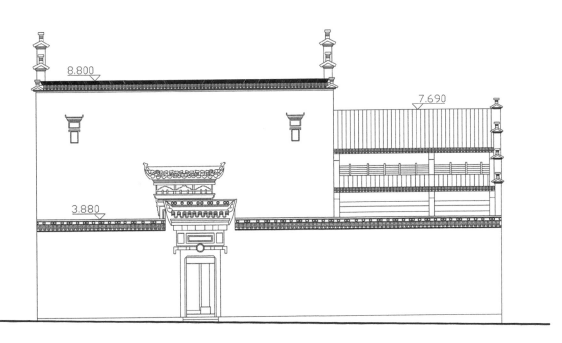

图 1-77

慎思堂东立面图

来源：自绘

东立面与传统徽州民居相较并无显著差别，建筑整体做法沿袭了传统形制。

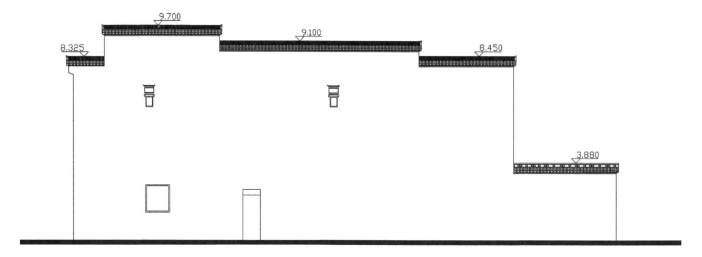

图 1-78

慎思堂南立面图
来源：自绘

从南立面可以看出，由于内部平面形式的改变，屋顶的组合相应发生了变化，这使得外部马头墙的跌落态势也随之发生了明显变化。

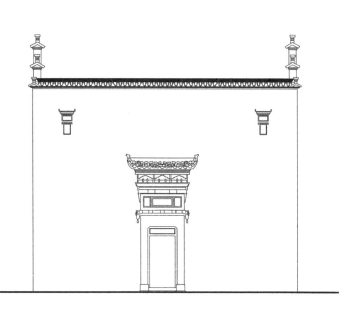

图 1-79

慎思堂门楼立面图
来源：自绘

从建筑细部上看，建筑的内外皆沿袭了传统徽州民居的做法，雕刻装饰细致精美。

图 1-80

慎思堂阁楼立面图
来源：自绘

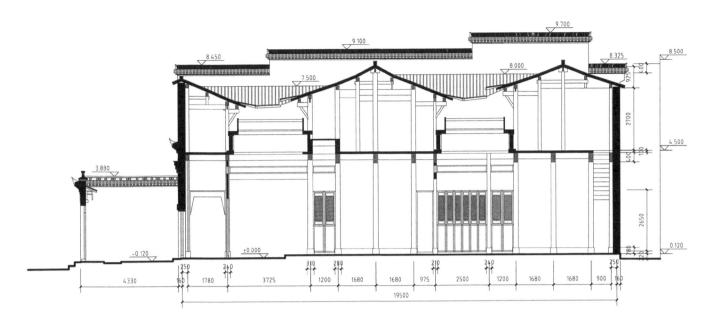

图 1-81

慎思堂剖面图

来源：自绘

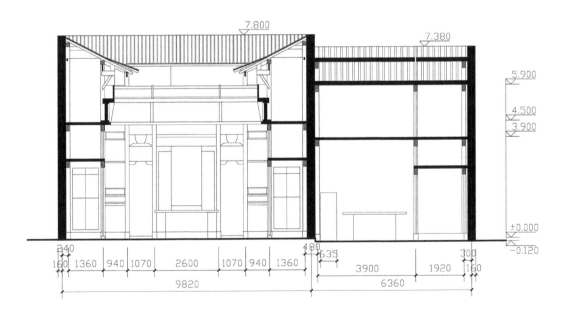

图 1-82

慎思堂剖面图

来源：自绘

慎思堂采用穿斗抬梁混合式木构架体系，建筑外围是较薄的穿斗砖墙，墙体内侧为木结构，两者用铁件相连，此举将建筑的承重结构和维护结构分开，有利于建筑的防火。

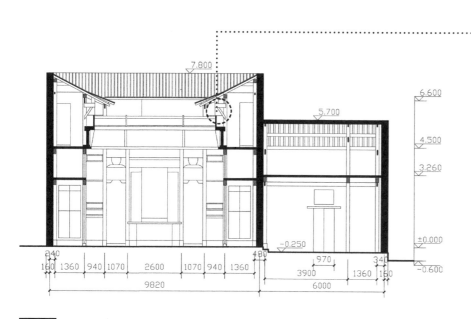

图 1-83
慎思堂剖面图
来源：自绘

慎思堂的上下层柱并非直接相通，而是存在部分柱子错位的情况，楼上柱落在穿枋上，柱子有所收分。

图 1-84
慎思堂撑栱
来源：自摄

建筑内部装饰精致，在撑栱等内部结构部件上，也都作雕刻。

图 1-85
慎思堂剖面图
来源：自绘

与传统徽州建筑大抵相同，慎思堂的图案多以植物为主：将梅花、菊花、兰花、月季、向日葵、葡萄等植物图案化，采用对称、重复的构图，象征高雅、富贵、多子多福及生活的美好。

图 1-86
慎思堂木雕
来源：自摄

———————

特点：菊花图，象征清新高雅，寓意优美动人。

图 1-87
慎思堂木雕
来源：自摄

———————

特点：梅花图，象征高洁、坚韧不拔、自强不息和吉祥。

图 1-88
慎思堂木雕
来源：自摄

———————

特点：月季花图，石间生月季，花叶繁茂，蝴蝶萦绕，景象生动，寓意坚韧与欣荣。

图 1-89
慎思堂木雕
来源：自摄

———————

雕刻内容为人物故事，既起到装饰作用，也有一定的教育义涵。

15. 罗来林住宅

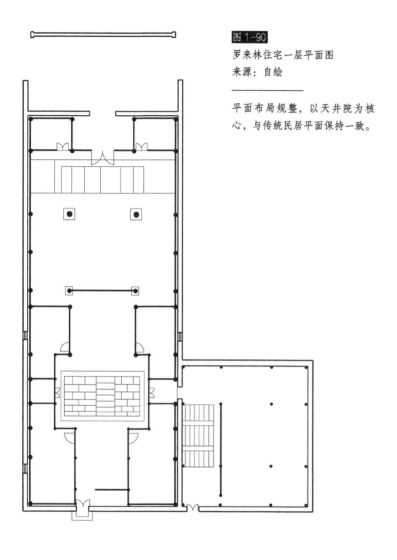

图 1-90
罗来林住宅一层平面图
来源：自绘

平面布局规整，以天井院为核心，与传统民居平面保持一致。

罗来林宅，清代民居，为两进三间两层砖木结构楼房。大门居中，隔街置一大照墙。门内设廊，前进底层二间为厅，后进明间为厅，边间为厢房；后进北廊内设木旋转楼梯；南北廊均施格扇窗，南廊居中开一圆形窗洞，北廊开一六角形窗洞相应。该宅后进有边门通后院。其立面开窗形式模仿了西式图样，且使用了新色玻璃，局部模仿近代建筑风格。

图 1-91
罗来林住宅东入口门罩
来源：自摄

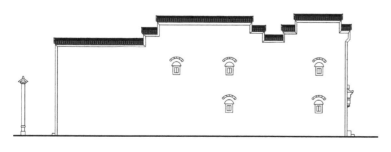

图 1-92
罗来林住宅北立面图
来源：自绘

立面整体上与传统徽州民居形态保持一致，局部细节，如窗套、窗楣的形式做法受到西方建筑思潮影响，产生了一定的变化。

16. 罗纯夫住宅

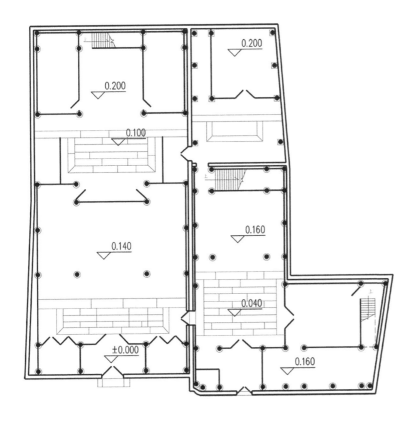

罗纯夫住宅一层平面图
来源：自绘

建筑整体上与传统徽州民居保持一致，
细部沿袭了传统的三雕做法，雕刻精
美细致。

罗纯夫住宅临街入口
来源：自摄

罗纯夫住宅透雕雀替
来源：自摄

　　罗纯夫住宅为清末民居，两进三间两层砖木结构楼。正面开大门，门内设廊，前进底层三间为大堂，楼梯在照壁之后。该宅窗扇均施雕刻，临天井斜撑皆为透雕。后进开边门，西至幕词厨房，东连私塾。私塾三间，正面开门临街。

二、徽州近代商业（公共）建筑

1. 屯溪老街商业建筑
2. 公共建筑

二、徽州近代商业（公共）建筑

自明清时起，徽商发展迅速，带动了徽州地区经济的发展。其传统商业类建筑以商铺为主，多为自产自销的手工业，分散在徽州地区各个村落中。由于徽商的发展，徽州地区的货物转运变得更加频繁，部分临江、官道，或是区域范围内的中心成为徽州地区主要的物资集散地，后形成休宁西街、万安老街、屯溪老街等商业街区。近代后，这些商业街区自然成了区域内的商业中心。

徽州地区商业街区在近代都遭到过不同程度的损毁。如休宁西街，在抗日战争时期（1939年4月）遭日军轰炸，较多商铺民宅损毁；屯溪老街于1929年4月遭地方武装朱富润入侵，大火焚毁了老街大部分商铺民宅，同年老街又重建，在1949年国民党刘汝明部队撤离老街时又一次遭到部分焚毁。

1. 屯溪老街商业建筑

　　徽州地区的商业街区中，最著名繁荣的莫过于屯溪老街。抗战时期，由于安庆、芜湖等安徽重要城市的沦陷，安徽省政府转移到了屯溪，屯溪自此成为安徽的政治、经济中心，享有"小上海"之称。屯溪在1918年共有商店、作坊500余家，分为土产、杂货、文具、洋货、工艺、交通、金融、杂业等8类38种行业。到1934年屯溪市区有商店417户，从业4346人，行业则增加到60种。商店数量和行业种类已达到相当的规模，但其中大多数建筑仍为传统商业类型的商铺，也有部分是基于近代商业发展而产生的洋行等新兴商业类建筑。

图 2-1

屯溪老街局部

来源：自摄

近代时期由于经济结构的变化，新的商业模式产生，如金融行业在徽州地区出现。1912 年，安徽中华银行屯溪分行在屯溪成立，这是徽州地区第一家商业银行机构。1915 年，屯溪又迎来了第二家商业银行——上海商业储蓄银行屯溪支行。20 世纪 30 年代，在经历过街区的损毁和重建后，中国银行、中国农民银行等分别在屯溪设立支行或办事处，屯溪成为皖南地区重要的金融中心。

图 2-2
屯溪老街 143 号
来源：自摄

屯溪老街 143 号原为中国银行屯溪支行所在地，建于 1930 年，建筑内部使用了传统徽州建筑平面形式。立面模仿西式建筑，分为三段，上段檐部部位采用与风火墙相似的层层跌落的形式，两边为对称的石栏杆。整体立面呈现中轴对称，立面开窗采用矩形窗，形式简洁，入口位置采用了西方柱式形式，线脚细腻，使用了现代建筑材料水泥。该建筑现为老街谢裕大茶行，内部使用功能已被改变。

图 2-3
屯溪老街 143 号立面图
来源：自绘

图示可看出立面整体对西方古典主义局部模仿，其细节如线脚、柱式等均受到西方建筑思潮的影响。

抗战时期，由于安庆、芜湖等安徽重要城市的沦陷，安徽省政府转移到了屯溪，使屯溪成为安徽政治、经济、物资集散中心，与外界的交流频繁。相对于其他传统商业街区来说，屯溪老街的建筑总体上变化较大，可以明显看出其与传统建筑的区别。

图 2-4
屯溪老街部分商业立面图
来源：自摄

图 2-5
同仁德药铺
来源：自摄

同仁德药铺位于安徽省黄山市屯溪老街。创办于清同治二年（1863 年），距今已有 140 年历史。建筑立面呈三段式，二楼有大面积的开窗，满足了通风采光的使用需求，二层的悬挑既增大了使用面积，也起到了雨棚的作用。屯溪当时为徽州地区的物资集散地，使得大范围使用玻璃成为可能。但建筑也依然采用了马头墙、青瓦等传统建筑样式，总体还是在传统建筑的大框架下进行改动。

图 2-6
屯溪老街 183 号商铺
来源：自摄

立面大致呈三段式；底层为店
面，二段为栏板，采用西方几
何纹样，三段为大面积开窗，
窗扇形式亦为西方样式。

图 2-7
屯溪老街 192 号商铺
来源：自摄

二层栏板为西方的宝瓶样式，
呈近代建筑风格特征。

图 2-8
屯溪老街慎脩堂
来源：自摄

整体为木构做法，细部雕花
以及格栅与传统古建筑样式
略有差别。

图 2-9
屯溪老街供信茂
来源：自摄

受到西方楼梯扶手柱的影响，
二楼立柱与传统样式相比已
产生一些变化。

图 2-10

屯溪老街诚后屋

来源：自摄

———————

建筑下半部分采用砖石质结构，上半部分采用木质结构，局部细节与传统形式相比略有不同。

图 2-11

屯溪老街 174 号

来源：自摄

———————

立面大面积采用玻璃窗，而玻璃材质是近代才传入中国，直到在国内进行生产才得以大规模运用。

图 2-12
屯溪老街茹古堂
来源：自摄

茹古堂开在老街 163 号，创于清光绪二十七年（公元 1901 年）。早在明代，屯溪印刷就很发达，著名数学家程大位编写的《算法统宗》《算法纂要》两书，均在屯溪刊印。至清朝，屯溪有茹古堂、聚文堂、秀文堂、翰墨林、同文堂五家印刷店、所、坊。茹古堂是规模较大的一家，经营木板、石板印刷，印刷账簿、描红簿和政府告示。同时兼刻印章，兼售文具。老板黄明德是歙县潭渡虬村人，为刻书世家的后代。

图 2-13
屯溪老街江河拥戴
来源：自摄

沿街商铺鲜有 3 层，如图示的 3 层商铺在屯溪老街可见好几处。

图 2-14
屯溪老街凌府丝绸
来源：自摄

立面仅开一扇窗户，此做法在传统徽州建筑中较为少见。

图 2-15
屯溪老街某商业建筑
来源：自摄

建筑整体为石质构造，正立面分段，顶部采用了巴洛克线条的变异形式，柱头位
置的锯齿状线脚贯穿左右，立柱采用简单的方形石柱。

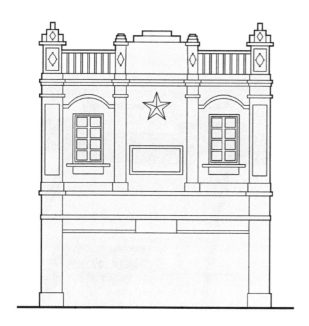

图 2-16
屯溪老街139号立面图
来源：自绘

立面采用西式建筑立面三段式的形式，加入立柱元素，以及丰富的线脚装饰。窗户的面积加大，窗楣采用弧形线脚。建筑开间与传统建筑相比加大。

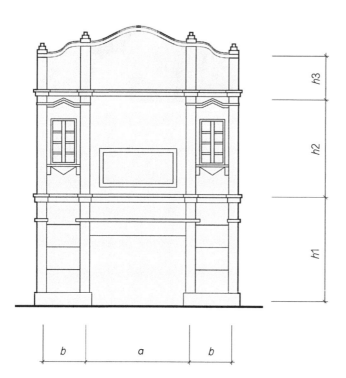

图 2-17
屯溪老街139号立面图
来源：自绘

屯溪老街139号，其凸出的石柱将建筑在横向上分割成了三部分，左侧和右侧柱间距 b，中间为入口处，柱间距为 a；而水平腰线又在竖向上分割成了三部分，即一层高度 $h1$、二层高度 $h2$、女儿墙高度 $h3$，$a=h1=h2$（数值都在 4~4.5m 内），而 $b=h3$（数值都在 1.6m 左右）$=0.4a$。由此可以发现整体模仿型建筑在立面设计上对于建筑各个部分的比例相当重视。

图 2-18

屯溪老街某商业建筑

来源：自摄

设计手法较为折中，山花可见巴洛克线条，而窗楣则为尖券形式，立面大体为竖三段及横三段式，由立柱及水平线条划分，呈现出标准的西方折中样式立面。

图 2-19

屯溪老街某商业建筑

来源：自摄

图 2-20

屯溪老街某商业建筑

来源：自摄

图 2-21

屯溪老街某商业建筑

来源：自摄

图 2-22
屯溪老街 137 号建筑细节图
来源：自摄

———————————

雕刻的水平线条，模拟的砖砌效果。

图 2-23
屯溪老街 137 号建筑细节图
来源：自摄

图 2-24
屯溪老街 137 号建筑细节图
来源：自摄

图 2-25
屯溪老街 137 号
来源：自摄

———————————

局部立面也有分段设计，且有凸出柱子的表达，柱头、柱身、柱础形象明确，窗楣也为巴洛克线条，顶部围栏为宝瓶变异形式。

2. 公共建筑

　　歙县"石屋"建于新中国成立初期，因此建造方式独特，保存完好，故列入统计说明。

图 2-26
歙县"石屋"
来源：自摄

入口处用砖砌立柱，立柱形式为简化的西方样式，有柱头、柱身、柱础，立面横向分段，分隔明确。

图 2-27
歙县"石屋"
来源：自摄

立面屋基形象明确，用条石打磨拼接而成，强调横向线条感。屋顶为四坡顶形式，已和传统样式大不相同。

图 2-28
歙县"石屋"
来源：自摄

立面用砖砌壁柱分隔成5部分，有水平腰线及基底线条，划分明确，窗上有条石券梁，兼有窗楣功用。

游山村吉祥商号为两层砖混结构，屋面采用三角形屋架，空间布局仍为传统形制，不对称的山墙面做了一个对称的西式构图门面。手法是横三段、纵三段，中部是商号入口大门，门上是高耸的半圆形山花，山花下有装饰精巧的灰泥花饰。大门两旁是方窗洞，其上有多层线脚的半圆形窗楣山花。二层中部为方窗洞，两边是半圆形拱券的窗洞，中部方窗洞上又贴有一段檐口，强调中部高耸的主体形象。

图 2-32
游山村吉祥商号
来源：自摄

现游山村村委会的是一幢两层砖混结构的近代建筑，内部空间布局已采用现代形制，立面采用三段式构图，中轴对称，明间开间大，次间开间较小。中部是入口大门，门上有线脚凸起，以强调入口空间的重要性，大门两侧是方窗洞，其上是多层线脚的窗楣。二层中部为方窗，两边是半圆形拱券的窗洞，窗洞上有雕刻精美的花饰。整栋建筑采用框架式的结构形式，在利用传统建筑要素的同时又赋予其现代性内涵，兼具历史性和时代感。

图 2-33
游山村村委会
来源：自摄

图 2-34
游山村村委会
来源：自摄

三、徽州近代文教建筑

1. 抱一书屋
2. 菊豆药铺
3. 潆川小学堂
4. 仪耘小学
5. 行知小学
6. 黄村小学

三、徽州近代文教建筑

徽州近代的文教类建筑主要包含了书院、书屋、新式学堂、戏台等。其中书院学堂遗存较多，具有较高的研究价值。

徽州地区自古"聚族而居"，奉行儒家思想的"程朱理学"。徽州作为程朱理学的故乡，书院教育一直十分盛行。加之徽商"贾而好儒"，对桑梓故里文化建设极为投入。徽商巨大的资本投入使得仅明清时期，徽州新建重建的书院至少达90所。

近代以来，自甲午中日之战（1894年）后，清朝政府开始变革传统教育，包括废除科举、设立新式学堂、厘定新学制。清光绪二十七年（1901年）清政府正式下令改旧式书院为学堂，自此结束了书院千年的发展历史。随后，新文化运动（1915年）的兴起进一步冲击了旧有的文化与道德礼制，使得教育的内容与形式发生了巨大改变，进一步影响了文化教育的重要载体。

1. 抱一书屋

图 3-1

抱一书屋外部环境

来源：自摄

正立面偏于一侧，与传统徽州民居不同，
是其特别之处。

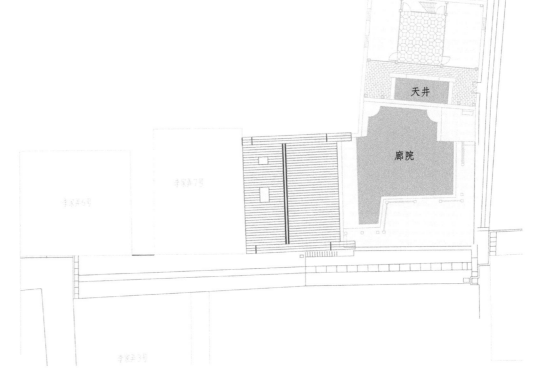

天井

廊院

图 3-2

抱一书屋总平面图

来源：自绘

从建筑总平来看，建筑呈
"L"形，两大主要使用部分
由一廊院相接接，因地制宜，
强调功能使用，而不是如古
建那样强调轴线对称，建造
方正的天井院来突出礼制。

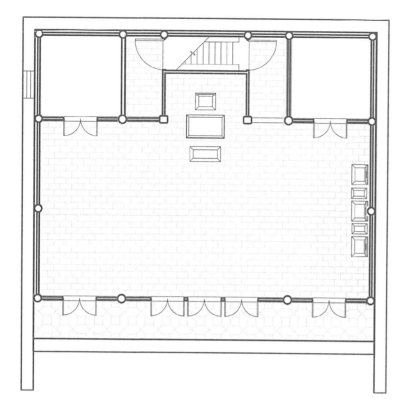

图 3-3
抱一书屋一层平面图
来源：自绘

从建筑平面来看，建筑大体承袭了传统形制，入口大堂作为
讲学之用，隔断之后为通往二层的楼梯。形式方正规整，平
面上中轴对称。

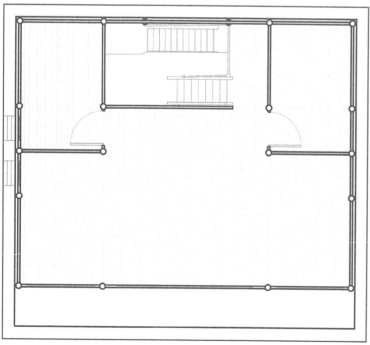

图 3-4
抱一书屋二层平面图
来源：自绘

二层依然为中轴对称形式，因功能需求，二层平面在进深方
向增加一排柱子，柱子不直接落地而是直接落在二层楼板下
的次梁上。

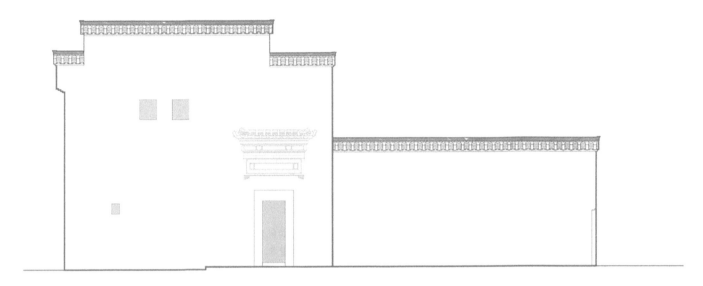

图 3-5
抱一书屋侧立面图
来源：自绘

立面上来看同样变化较小，开窗数较少且高，侧门处也设置有门罩，但随着近代以来徽商财力的衰弱与外来建筑的影响，可以看出其细部雕刻已经变得较为简化。

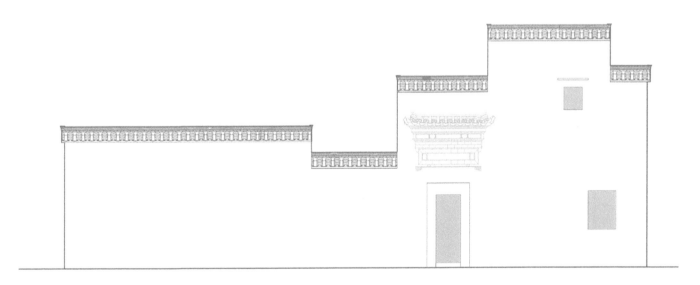

图 3-6
抱一书屋侧立面图
来源：自绘

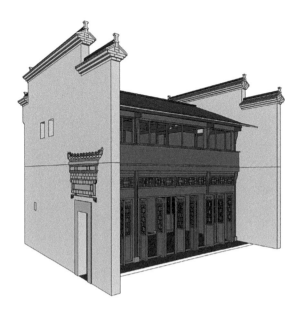

图 3-7
抱一书屋模型
来源：自绘

就书屋来说基本沿袭了传统建筑的做法，如三阶的印斗式封火墙、两坡屋顶、门楼、侧墙仅开小窗等。

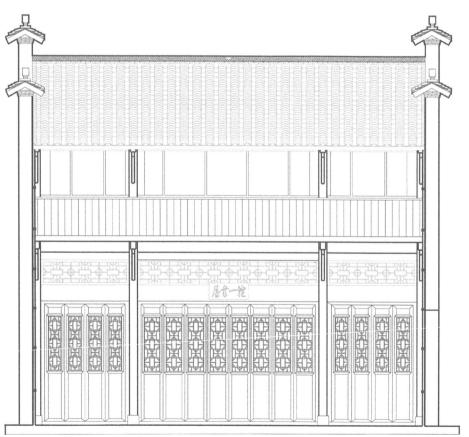

图 3-8
抱一书屋封火墙（局部）
来源：自摄

图 3-9
抱一书屋正立面图
来源：自绘

从剖面可以看出书院分为上下两层，结构上为穿斗式木结构。与一般民居不同的是二楼外侧设置有栏杆，且大面积的开窗，空间上十分通透，可能是考虑到学生读书对光线的需求。

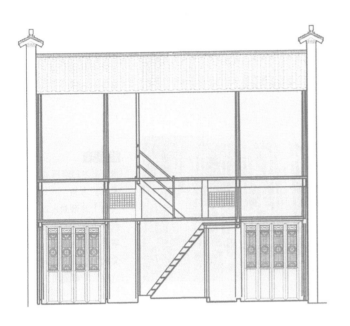

图 3-10
抱一书屋剖面图
来源：自绘

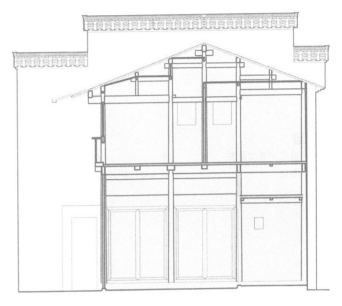

图 3-11
抱一书屋剖面图
来源：自绘

图 3-12
抱一书屋一层内部示意图
来源：自绘

图 3-13
抱一书屋二层内部示意图
来源：自绘

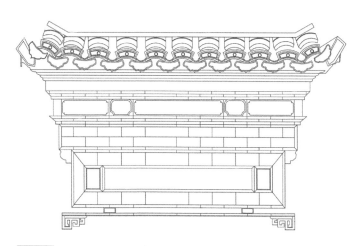

图 3-14
水磨青砖式门罩立面图
来源：自绘

门罩造型简洁，延续了整体造型，强调线脚，并无繁复的雕刻。

图 3-16
水磨青砖式门罩
来源：自摄

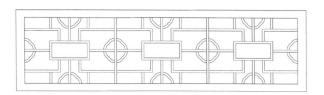

图 3-17
抱一书屋门窗隔扇（一）
来源：自摄
门扇上的雕刻也以几何纹样为主，并无植物或事件的复杂雕刻。同时受到西方建筑的影响，玻璃已开始使用。

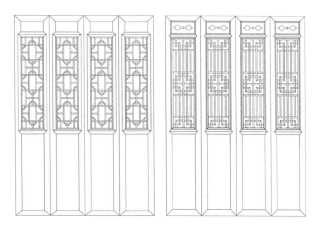

图 3-15
抱一书屋门窗隔扇立面图
来源：自绘

图 3-18
抱一书屋门窗隔扇（二）
来源：自摄

　　抱一书屋属于近代早期建筑的平面形制，建筑结构、空间布局、细部做法等均未产生较大变化，只是在原有传统建筑的框架下为了适应功能需求作了局部的改变，是属于沿传统路径改进而来的近代建筑。

2. 菊豆药铺

    除书屋外，近代徽州地区还存有家塾这一类的教育类建筑，它们往往是在居住建筑中设立书房，而并非独立书屋。这类建筑常出现在经济条件较好的徽州人家，如黟县南屏"菊豆药铺"家塾。

    菊豆药铺位于安徽省黟县南屏镇，为一幢清代古民居，建于清光绪三年（1877 年），距今有120 多年的历史。因张艺谋拍摄《菊豆》选中它作为药铺场景，故今村人称其"菊豆药铺"。这是一幢两进三开间回廊式建筑，前进为正厅，后进为书房。其建造年代较早，基本沿袭了传统建筑做法，包括八字门、马头墙、四水归堂的天井院，但建筑内因受到西方建筑影响，已使用七彩琉璃玻璃，在当时属奢侈物件。

图 3-19
菊豆药铺外部环境
来源：自摄

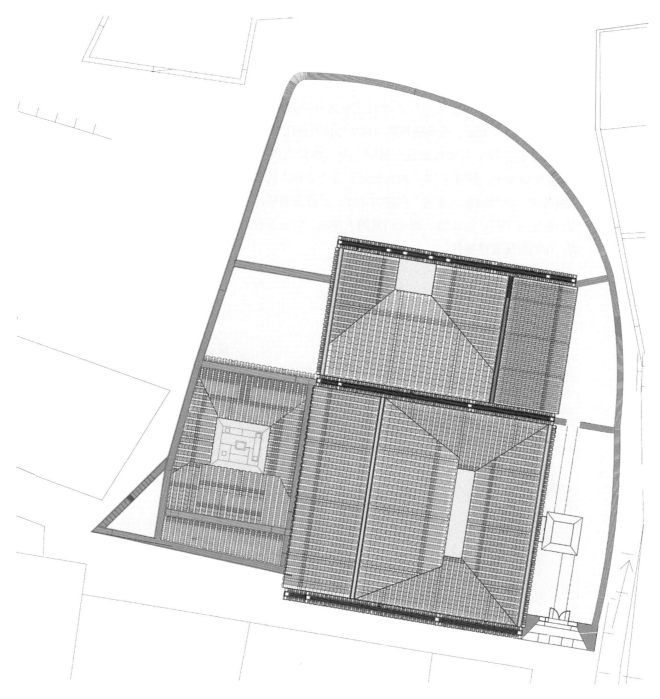

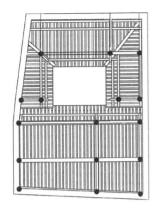

图 3-21
菊豆药铺梁架平面图
来源：自绘

建筑的平面布置较自由，并未严格按照纵向排布的天井院来组织空间，而是巧妙地利用地块生成了外部的回廊与院落空间，别具一格。

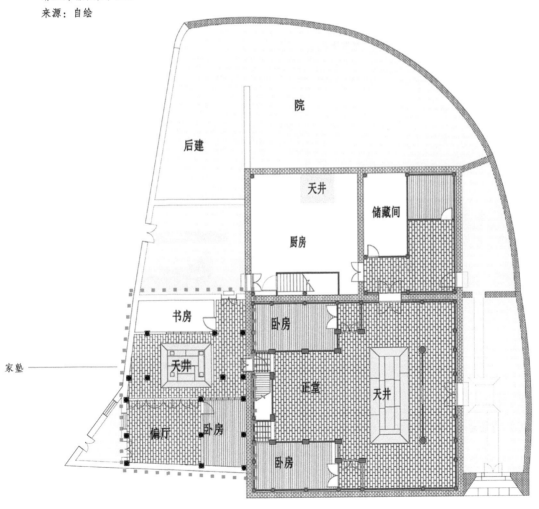

图 3-22
菊豆药铺一层平面图
来源：自绘

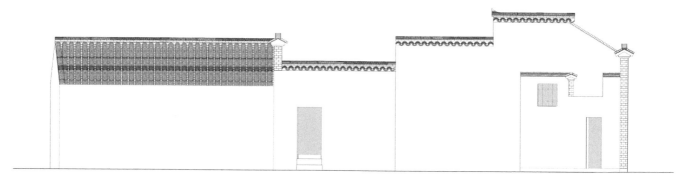

图 3-23
菊豆药铺北立面图
来源：自绘

北立面高低错落，一反传统建筑对称、规整的形态。

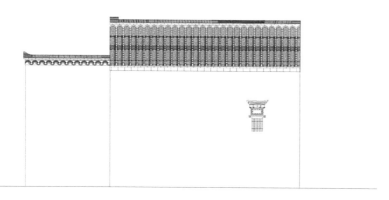

图 3-24
菊豆药铺西立面图
来源：自绘

西立面开窗面积小，封闭性较强。

图 3-25
菊豆药铺门罩
来源：自摄

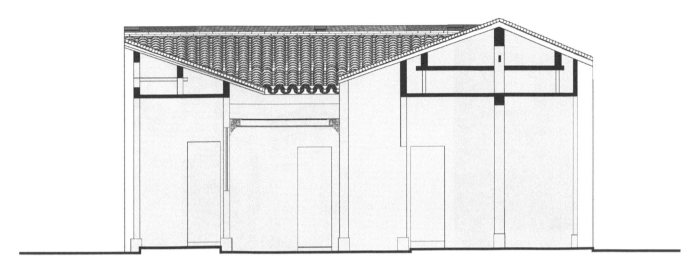

图 3-26
菊豆药铺剖面图（一）

来源：自绘

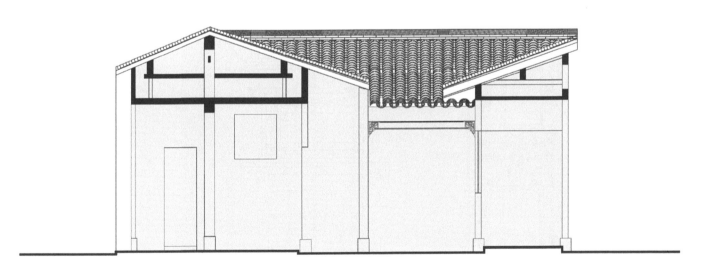

图 3-27
菊豆药铺剖面图（二）

来源：自绘

图 3-28
菊豆药铺内部
来源：自摄

图 3-29
菊豆药铺八字门
来源：自摄

图 3-30
菊豆药铺门扇户牖大样
来源：自绘

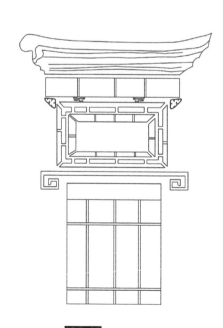

图 3-31
菊豆药铺侧窗大样
来源：自绘

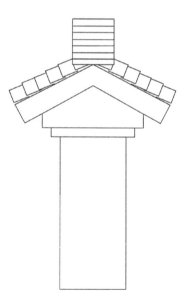

图 3-32
菊豆药铺马头墙大样
来源：自绘

3. 潈川小学堂

被朱熹誉为"呈坎双贤里，江南第一村"的徽州区呈坎村，面临潈川河，河水川流不息，时光如流水般不断前移。潈川小学堂在一百多年前"废科举，兴学堂"的潮流中诞生于潈川河畔。

清末废科举，兴办新学潮流方兴未艾。呈坎的上层社会历来有文会组织，1905 年正月由当时本村留日学成回国的罗会坦、罗运松、罗会珪三人提议在呈坎创办一所新制小学，得到了时任会长的罗凌轩及村中开明人士的支持。办学经费由祠堂、文会负责筹集，校舍由罗运松绘图设计，于当年 2 月开建，至同年 9 月，徽州第一所、安徽省第二所新制两等（初小高小）小学堂——潈川两等小学堂竣工。

学校以罗氏宗祠为校舍，一改往日私塾读四书五经和只招男生的做法，实行男女同校，采用商务印书馆印制的统一小学教材，开设国语、算术、历史、地理、自然、常识、体育、音乐、图画、外语等新课程，成为徽州推行新制教学的先行者。

图 3-33
潈川小学堂外部
来源：自摄

1930 年，呈坎另外两所学校因质量不高、生源不济而并入潨川小学，改名为潨川乡完全小学。新中国成立后改名为呈坎小学、呈坎中心小学。1954 年，该校规模扩大，校址迁入罗东舒祠。1994 年，在罗东舒祠东侧新建校舍；1995 年 2 月，在呈坎村北新建校区，同年 8 月竣工，由中国石油天然气总公司捐助 25 万元兴建，学校因之改为徽州区石油希望小学，为黄山市首所希望小学。2013 年中小学合并，成立了九年一贯制呈坎中心学校。潨川小学堂现作为"呈坎古建筑群"的一部分，成为全国重点文物保护单位。

图 3-34
潨川小学堂二楼围栏
来源：自摄

———————

二楼外廊围栏样式为简化西式，窗楣
也可见似巴洛克线条式样的变形。

图 3-35
潨川小学堂入口
来源：自摄

———————

学堂的入口处有一半圆形龛，形成了一个入口处的过渡引导的空间，不似传统惯用八字门或加门楼、门罩。两侧依旧保留有马头墙，但整体立面形式已与徽州传统建筑产生了较大差别。

图 3-36

溧川小学堂正面开窗

来源：自摄

————

学堂的正面大面积的开窗，用以通风采光，并不像传统建筑靠天井来满足采光通风。窗楣也变为巴洛克线条的变形。

图 3-37

溧川小学堂窗扇

来源：自摄

————

窗扇也并未采用传统木质雕窗，形式新颖，强调实用性，同时运用了新材料——玻璃。

4. 仪耘小学

图 3-38
仪耘小学堂正立面
来源：自摄

图 3-39
仪耘小学入口
来源：自摄

许村仪耘小学始建于民国十六年，位于安徽省歙县许村，由清代两淮盐运许家泽创办，校舍占地三亩，有教室、阅览处、草径和亭台，建筑格局均按南京育才小学的风格设计，是近现代教育类建筑的重要史迹。建筑整体保存完好，南面直接大面积开窗采光，入口为一半弧形拱门，并无天井，有马头墙、八字门、门楼、窗楣等徽州传统建筑特征，但整个建筑讲求对功能使用的满足，平面布局以院落为基本单元组织空间。

图 3-40
仪耘小学
来源：自摄

———————

小学共有三进，从外部来看已经和传统的徽州建筑有较大差别，如八字门、马头墙等传统形式都已消失。

图 3-41
仪耘小学介绍
来源：自摄

图 3-42
仪耘小学门洞
来源：自摄

5. 行知小学

　　歙县行知小学由我国著名教育家陶行知先生于民国时期创立，学校旧址原先为节烈祠（也称节孝祠），为歙县文物保护单位，位于歙县徽城镇上路街（新南路），节烈祠对面是节孝坊，上有顺治至乾隆时期历代节妇名录。祠堂二进，大堂高敞，二层，前有单步抬梁廊，上悬许士骐题"行知堂"牌匾，堂中有陶行知先生坐像一尊，上悬宋庆龄题"万世师表"。阶前有石栏，中有庭院，内有紫楠木两株，为20世纪80年代栽种，分别是陶行知先生的儿子陶诚及夫人陈树新和日本友人所栽。

图 3-43
行知小学入口
来源：自摄

图 3-44
行知小学铭牌
来源：自摄

图 3-45
行知小学入口处石碑
来源：自摄

图 3-46
行知小学山墙面马头墙
来源：自摄

图中封火墙的逐级跌落与传统跌落形态在跌落的
层级上有着很大的不同，表现出一种形式上的
美感。

6. 黄村小学

图 3-47
黄村小学入口
来源：自摄

黄村小学由中宪第后代黄开祥发起创立。学校一贯奉行陶行知"知行合一"的教育理念，吸引了众多热衷于国民教育的饱学之士来此授业解惑，黄定甫、朱自煊、黄兰、金家琪、朱典智、唐永宽、胡浩等知名人士为黄村培育了一代又一代新人。1914 年，著名教育学家黄炎培骑马亲临黄村小学视察，书赠教员黄开祥"知君所学随年进，许我重游到皖南"，为黄村留下了千古流芳的墨宝。

图 3-48
黄村小学山墙
来源：自摄

图 3-49
黄村小学外墙面
来源：自摄

图 3-50
黄村小学内部现况
来源：自摄

————————————

图示顶棚可见室内采用木肋梁，
趋近于现代框架结构体系。

图 3-51
黄村小学牌匾
来源：自摄

————————————

入口处搭建类似于现代建筑雨
棚的木构架。

图 3-52
黄村小学内廊
来源：自摄

与传统徽州建筑较强的封闭感不同，图示学校墙面大面积开窗，并使用近代传入中国的玻璃，使室内具有良好的采光。

图 3-53
黄村小学内廊
来源：自摄

四、徽州近代祠堂建筑

徽州祠堂起源于宋元时期，主要用来祭祀祖先和族人。祭祀活动在中国有着深远的历史，在徽州地区更加盛行，这是由于徽州地区聚落大多属于"聚族而居"，奉行儒家思想的"程朱理学"。由宗族礼法而产生的血缘和宗族的传统观念深入人心。祠堂类建筑是徽州地区宗族社会的反应，是徽州地区祖先信仰的物质化的表现形式之一，而祖先信仰亦是宗族赖以生存和发展的重要精神基础。祠堂按照其等级和规格可分为宗祠、支祠和家祠三种类型。宗祠为一个氏族（姓氏）的祠堂，往往是村落中规格最高的建筑。其选址较为考究，一般多是村口或村落中心等交通便利，或是处于风水位置较好之处。作为严肃的礼制建筑，祠堂建筑的平面布局往往较为整齐和规整，以表达宗族礼制的尊卑井然。祠堂有三大主体空间：仪门、享堂与寝堂，沿轴线纵向布置，等级由仪门到寝殿依次升高，以此突出主次分明的格局。宗祠规模较为宏大，结构复杂，雕刻精美，常冠以民间可用的最高等级凤顶：五凤楼式或歇山式，具有非常高的艺术价值。徽州地区祠堂类建筑兴盛于明代至清中期。近代时期，作为传统宗族礼制的代表，祠堂类建筑大多延续了传统祠堂风格和建筑形式，有较多遗存，但唯一被记载使用西方混凝土结构修建的黟县碧阳李氏祠堂"大本堂"于1986年被拆除，实为可惜。至太平天国时期，徽州地区遭受战火侵袭，大量建筑物被夷为平地，最直接的影响便是传统建筑损毁。如宗祠类建筑，由于其面积较大，规格较高，因此经常被双方用于屯军之所，经常发生战斗，相当数量的祠堂被毁。对此，徽州许多文献中都有记录。歙县大阜村的潘氏宗祠"太平天国时毁于战火。清同治十三年（1874年）重修"。绩溪龙川的胡氏宗祠"于咸丰十一年（1862年）被贼毁坏。直至清光绪二十四年（1898年）得以重修"。

1. 慎思堂

　　慎思堂位于安徽省黟县碧阳镇南屏村，始建于清康熙年间，后经数次修整，最后一次修建是在清末。重修后的大门前，有个矩形小院，围墙用砖石合砌，水泥抹面，提契着花墙的方柱有两人合抱粗细，一人多高，四面雕有长方形、菱形的图案与花纹，具有西洋风格。祠堂的建设中使用水泥，这在当时十分先进。

图 4-1
慎思堂主立面
来源：自摄

石柱间的铁质护栏，刻意构造为西方
几何形状。内部门洞以西方拱券形式
营造，尽显西式风格。

慎思堂的近代特征非常明显，与徽州传统木质建筑不同的铁栏杆的运用，正是古徽州文化在近代受到西方文化的影响发生的变化。方形石柱上简易的雕刻，与传统徽州复杂精美的雕刻形成鲜明对比。充满与西方建筑样式如出一辙的柱式和方形柱础、柱头的运用，都彰显着近代徽州祠堂的变迁。

图 4-2
慎思堂柱式
来源：自摄

方形的石柱，柱上雕以西方几何形图案，其间以
铁质护栏连接。底部柱础再以条形花纹装饰，与
传统祠堂木柱上的复杂雕花大相径庭。

2. 贞一堂

近代所建祠堂中，比较有代表性的是祁门县渚口村贞一堂，是渚口倪氏贞一支派的宗祠。坐落在村中央，坐北朝南，建于明中期，明末清初之时毁于战乱之中。康熙十二年（1673年）重建，十四年落成。清末因火灾再次被毁。1912年，族人倪尚人捐巨资重建。贞一堂占地1200余 m^2，祠堂规模宏大，雕刻细致精美。建筑取"三十六天罡，七十二地煞"之意，设108根立柱，被誉为"徽州民国第一祠"。

图 4-3

贞一堂厅堂

来源：自摄

祠堂内部，对称风格明显，高大的木柱、
门洞尽显庄严肃穆之风。

正厅在祠堂建筑中称为享堂，是祠堂的主体，是春秋二祭和举行庆典的场所。正厅为南北两坡大屋，屋内有特大木柱10根，柱上架梁，下有承拱，采用抬梁结构，使大厅减柱显得宽敞，亦称"减柱造"工艺，大厅吊顶采用轩顶（卷棚）与人字轩顶两种做法，使室内空间富于变化，大梁两端雕刻有象鼻头图案，因象与相谐音，意喻"封侯拜相"。梁上架的短柱有"方巾""莲花"等精美的木雕柱托，莲花托表示搭座莲台"升天成仙"。"贞一堂"匾额高悬于厅堂太师壁上方。

图 4-4
贞一堂天井院
来源：自摄

清砖门罩、石雕漏窗、木雕楹柱砖刻与祠堂
建筑融为一体，使得内部空间精美如诗。

贞一堂分前院、仪门、享堂、寝堂四进，四周由封火墙围护，外门厅做成道士巾形状。门楼两头各有一道耳门，是左右两侧的通道。正面宽敞，檐口正中梁坊上悬有"尚书"字匾。大门开在中轴线上，两侧有一对抱鼓石，为黟县青，雕饰有龙凤呈祥、麒麟送子等图案，门头上悬有"倪氏宗祠"匾。从大门进入祠堂，前进为左右两厢围合成一个宽大的天井院，属徽州传统建筑"四水归堂"做法。天井中间是一道石板大道通向厅前。遇有重大节日或庆典，在前进搭台演戏，既教化了族人，又祭奠了祖宗。

图 4-5
贞一堂入口
来源：自摄

图 4-6
贞一堂中庭
来源：自摄

后进为天池、寝堂。天池是倪尚荣的副室金氏等出数百金所建，天池在风水上有聚财之意，其作用是蓄水防火，该天池在徽州祠堂寝堂天井水池中别具一格，面积最大、储水量最多，是雕刻最精美的一座水池。天池为长方形，中间有一座石拱桥，将天池一分为二。

图 4-8
贞一堂天井
来源：自摄

图 4-7
贞一堂牌匾
来源：自摄

图 4-9
贞一堂屋檐
来源：自摄

木雕在徽州祠堂上多用于架梁、梁托、斗拱、雀替、檐条、楼层栏板、华板、窗扇、栏杆等处。

3. 胡氏宗祠

　　胡氏宗祠，位于安徽省绩溪县瀛洲乡大坑口村，大坑口古称龙川。龙川胡氏宗祠是一处始建于明代中期的家族祠堂建筑，属于胡氏家族祭祀祖先、议决族内大事的场所。胡氏宗祠建于明嘉靖二十五年（1547年），毁于咸丰十一年（1862年），于清光绪二十四年（1898年）重修。祠内装饰以各类木雕为主，有"木雕艺术博物馆"和"民族艺术殿堂"之称。龙川也是原国家主席胡锦涛同志的祖居地。龙川胡氏宗祠坐北朝南，前后三进，祠堂占地1564m²，建筑面积为1146m²。长宽比例2:1。祠前广场、望柱、栏板、旗础石和阶墀地坪均为花岗石。南向，照壁隔龙川河，左右置于青石板桥。

图 4-10
胡氏宗祠主入口
来源：自摄

祠堂立面布局严正，木雕工艺相当精湛，斗栱、雀替、脊吻、梁枋和柱础，都十分精美考究。

图 4-11
胡氏宗祠正立面
来源：自摄

祠堂门楼表现出典型的五凤楼结构样式，楼顶十个翼角对称严谨，庄严肃穆。

宗祠纵深从照墙起共84m，墙体建筑长60m，宽30m，正合古罗马神庙建筑要求：宽是长的一半（这可能是一种巧合，也可能是古代中西建筑艺术的沟通）。宗祠坐北朝南，前后三进，两天井七开间，总占地面积1700m²，建筑面积1146m²。规模恢宏，雍容华贵、庄严肃穆。前有约100m²的广场，其地面阶墀栏杆全用花岗石砌成。宗祠门楼和额枋雕刻有"九狮滚球遍地锦""九龙戏珠满天星""仕女饮宴""舞女百戏"等精美木雕。

图 4-12
胡氏宗祠厅堂
来源：自摄

高大的木柱，精美的窗扇，为宗祠内营造出一种庄重之感。

图 4-13
胡氏宗祠雕花
来源：自摄

斗栱上的精美木雕，栩栩如生地展示着历史小故事。

正厅是家族举行祭典的场所，由 14 根粗为 1.66m 的圆柱托架、19 根冬瓜梁构成。枋、额、平盘斗、轩顶、云板、斗栱等，均雕镂成空。有人物、戏文、龙凤呈祥、走兽、鱼虫等多种纹饰。图案精美，雕工细致，正厅三面高约 4m 的落地窗门数十扇，窗门下截平板花雕的荷花池盛景、梅花鹿生活写真以及几十个花瓶插花图案，组成一幅幅绝妙的画卷，且画面构图无一雷同，均属全国罕见，被专家们誉为"徽派木雕艺术的宝库"。

图 4-14
胡氏宗祠厅堂
来源：自摄

柱、窗、门三者围合形成的徽州建筑内部空间，同时也提供了精美的内部装饰。

图 4-15
胡氏宗祠门扇
来源：自摄

门扇上部的镂空图案，下部的绿植木雕，均体现出传统徽州建筑内部装饰的精美之态。

胡氏宗祠，以其高超的建筑艺术和风韵，在中国古代建筑文苑中享有很高的声誉。我国著名建筑大师郑孝燮先生1993年造访后说："相见恨晚，不愧为国宝。"在行家中称胡氏宗祠"规模之大，时间之长，完整之好，装饰之美堪称'天下第一'；木雕之多，艺术之精，布局之妙，内涵之广实为'木雕艺术之厅堂'。可与北京故宫相媲美，精华之处比故宫'有过之而无不及'。"因此，龙川胡氏宗祠有中国"古祠一绝"之美誉，慕名者纷至沓来，流连忘返。

图 4-16
胡氏宗祠庭院
来源：自摄

图 4-17
胡氏宗祠屋檐
来源：自摄

图 4-18
胡氏宗祠牌匾
来源：自摄

4. 潘氏宗祠

　　潘氏宗祠始建于明万历乙酉年（1585年），清同治甲戌年（1874年）重修。宗祠为三进，通宽19m，通进深42.6m，门厅为五凤楼，中有庭院，两侧为庑廊，中进五开间。雀替、平盘头等处雕藏百骏，俗称"百马图"。月梁上高悬历朝潘氏名人匾额。现存13块，这在徽州祠宇中不多见。后进七开间，有楼，青石檐柱，重檐。该祠气势壮观，雕饰独特。

图 4-19
潘氏宗祠正立面
来源：自摄

砖、木、石三雕在祠堂立面上表现得淋漓尽致。墙壁上的砖雕，木柱上的木雕，柱础上的石雕都传达出徽州传统建筑精致的美感。

图 4-20
潘氏宗祠入口
来源：自摄

潘氏宗祠是一处建于明代中期的家族祠堂建筑，是潘氏家族祭祀祖先或先贤的场所。潘氏宗祠位于徽州歙县北岸镇大阜村"来龙山"的"龙首"南麓，始建于 1585 年，清朝同治年间重修。整个建筑依"来龙山"地形而建，坐北朝南，气势恢宏，做工之巧妙，充分体现了古代劳动人民的勤劳智慧和艺术创造力。现为安徽省重点文物保护单位。

图 4-21
潘氏宗祠雕花
来源：自摄

————————

精致雕镂后形成的砖雕，为门套门楣等传统形式带来了典雅、庄重的美态。

图 4-22
潘氏宗祠庭院
来源：自摄

————————

内部开敞的天井院与传统的徽式天井院相同。

五、徽州近代宗教建筑

　　宗教类建筑在徽州主要是近代时期基督教、天主教等西方教派在徽州地区所建的教堂、教会等建筑。近代时期，西方殖民者的侵略打开了中国国门，而西方教派借机深入。1858 年签订的《中英天津条约》及《中法天津条约》规定"耶稣教、天主教教士得自由传教""英国人得住内地游历、通商""天主教教士得入内地自由传教，法国人得往内地游历"。其后在 1860 年的《中法北京续约》中第六款规定："天下黎民任各处军民等传习天主教，会合讲道，建堂礼拜，且将滥行查拿者予以应得处分。"传教士孟振声擅自在条约的中文文本中添加了"并任佛（法）国传教士在各租买田地，建造自便"一条，拉开了教堂建筑在中国合法化的序幕。从 1876 年开始，西方教派陆续传入徽州，并逐渐在徽州地区发展起来。随着西方教派的传播扩散，教堂类建筑在徽州地区散播开来，但是有具体记载的约为 12 栋。教堂类建筑多为传教士在购买当地居民的民宅后改建，其形制大多结合了徽州传统建筑和西方建筑的特点，如屯溪天主教堂群；而也有小部分建筑为传教士新建，体现出了较强的西方建筑的风格特征，如歙县天主堂（如图 5-1）。

　　徽州地区教堂的遗存较少，多数损毁或改建。大多因新中国成立后，教会在徽州地区活动大为减少。近代徽州水东镇宁国府天主教堂、宁国府府城（今宣城）教堂、宣城大孙村教堂、广德州焦村教堂等，后经社会动荡，已损坏不复存在。

图 5-1
歙县天主堂
来源：自摄

1. 歙县天主堂

　　歙县天主堂位于屯溪监牧区，歙县小北街，保存完整。该教堂时为传教士主持新建，结合了中西文化有独特的风格特征。主体建筑屋架为中式木构，有月梁、象鼻、雀替等徽派建筑构件，外墙上有马头（马头墙）。但立面皆为西式，左侧开大门设凸出门廊，每间均外露砖柱，辟拱顶大窗，饰彩色玻璃。讲台为梭形，讲台后的休息间、地下室、花廊、门屋、庭院，以及牧师楼因曾作为黄梅剧团排练地使用，遂较好的保存至今。外来建筑与宗教因融合而美，固守只会令人生厌。

图 5-2
歙县天主堂入口立面
来源：自摄

有马头墙的教堂，典型的徽西结合的近代建筑。建筑大门与立面开窗是明显的西式券顶风格，外来文化与徽文化浑然一体。

图 5-3
歙县天主堂窗户
来源：自摄

天主教堂的建筑材料多为本地生产的砖、瓦，同时用到了大量的西式彩色玻璃，但其拱顶又为中式，可谓徽西结合。在建造技术的应用方面，用了砖石木混合结构、砖砌拱券结构等。装饰手法和题材上也选用了许多中国传统装饰手法和元素，如彩画绘制的花鸟等。

图 5-5
歙县天主堂梁架
来源：自摄

建筑屋架为中式木构，有月梁、象鼻、雀替等徽派构件，但形式比例跟传统的徽派木构有了较明显的区别。局部构件的实用功能已消失，仅为装饰。

图 5-4
歙县天主堂立面
来源：自摄

教会意图建造符合西方教堂发展趋势的天主教堂，建筑平面、立面及建筑结构基本符合西方教堂形式，徽州传统建筑的影响则体现在建筑的装饰手法、建造技术等方面，可以说是"以中式手法营造西式建筑"，以徽州装饰手法点缀，天主教堂的建造基本全部为本地工匠用当地建筑材料建造完成，体现了中西方建筑文化的交流、碰撞和融合。

图 5-6
歙县天主堂梁架
来源：自摄

2. 丛林寺

丛林寺，即小溪院，又称桂溪寺，为歙县第十丛林（大寺院），故俗称丛林寺。唐太和五年（831年）始建；宋宣和四年（1122年）毁于兵燹，项庸割山南下地四亩徙建，僧人感德，祀项庸于寺；明天启六年（1626年）大修；清同治七年（1868年）项恒尧、项维祥倡修。该寺兴盛时，有文殊院、大雄宝殿、普贤行宫、晨钟楼等，现存明万历年间始建的大雄宝殿及部分僧房，主殿已被公布为安徽省文物保护单位。

丛林寺大雄宝殿，殿基三丈六尺六寸见方[①]，三开间，每边长 9m，歇山顶。殿内中间四柱上架横枋，枋上坐 12 组斗栱托起藻井，天花板上彩绘云龙纹图案和凤翔鹤舞彩绘。

大殿影壁背面绘有一幅高 2.6m，宽 4.16m 的水墨壁画，由于粉墙磨损过甚，画作已漶浸不清，从残留墨迹中，可见仙佛人物（观音、罗汉）和云林胜境。

图 5-7
丛林寺大雄宝殿内藻井彩绘
来源：自摄

寺庙顶部斗栱堆叠层次比传统斗栱层次更为密集，与东南亚的寺庙风格更为相似。

图 5-8
丛林寺立面
来源：自摄

丛林寺，中间开一主入口，两边各开一个窗口，与传统寺庙做法大致相同。

3. 神父楼

　　神父楼位于歙县天主堂右边，当时作为歙县天主堂的牧师宿舍，总共为三层建筑，其中上有一间阁楼。神父楼具有很明显的西方建筑文化特征，最为凸显在门、窗、吊顶、屋顶等处。具有非常明显的徽州古建筑形式与西方建筑形式结合的特点。

图 5-10
神父楼正门
来源：自摄

门洞比例，门扇样式均为西方做法。

图 5-9
神父楼吊顶
来源：自摄

图中雕花吊顶凸显出西式建筑吊顶的精美之处。中心为同心圆式图样，传统徽州建筑并无此类做法。

图 5-12
神父楼阁楼
来源：自摄

阁楼的外墙上做出窗扇，类似西式的"老虎窗"，此种做法不是传统徽式建筑。

图 5-11
神父楼楼梯
来源：自摄

六、徽州近代军事建筑

军事建筑作为一种特殊的建筑类型，其建筑形制多由民居或祠堂类建筑改建而成。由于历史原因，该类建筑存量较少，但遗存状况相对较好，可考究性较强。军事建筑在新中国成立后的几十年间，其外观和内部空间几乎没有大规模改动。虽然部分建筑因现实功能需求使得内部空间划分有所差异，但是总体而言徽州近代军事建筑保留程度较为完整。

徽州近代军事建筑多延续传统建筑风格，但也有一部分引入近代"新"建筑文化元素的，呈现出中西方文化交融的现象。通过对此类建筑的调查研究，便于建筑学相关领域学者了解该时期的建筑特征。

1. 中美合作所雄村训练班旧址

中美合作所雄村训练班遗址分布于雄村各处，布局较为零散，各旧址的建筑规模大小不一，建筑风格各有不同，其中最具代表性的具有近代风格的旧址为大中丞坊后的院子。

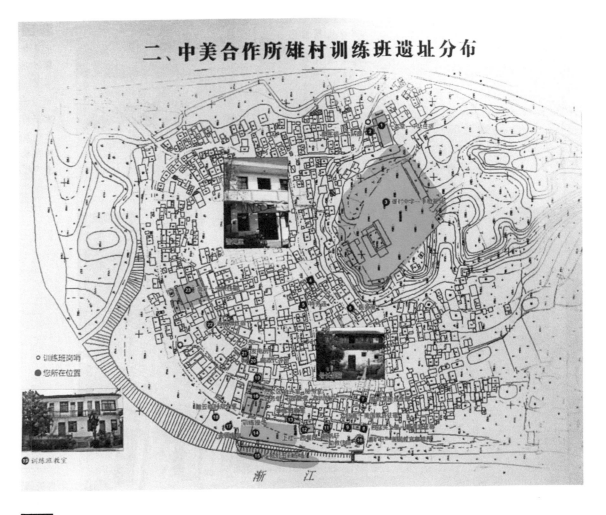

图 6-1
中美合作所雄村训练班区位图
来源：网络

图 6-2
中美合作所雄村训练班旧址
牌坊
来源：自摄

———————

光分列爵坊，面对渐江，和
上社为邻。四柱三门冲天式，
明间较宽，两行字匾，分别
书"光分列爵"和"大中丞"。

图 6-3
中美合作所雄村训练班旧址
来源：自摄

———————

内院围墙及檐口采用传统构
造做法，为适应训练功能需
求，建筑内部天井改造为院
落形式，建筑采光和通风质
量得到较大改善。

图 6-4
中美合作所雄村训练班旧址碑文
来源：自摄

牌坊刻有曹氏家族中举者和显宦的姓名，光分列爵，门楣生辉。

图 6-5
中美合作所雄村训练班旧址内院
来源：自摄

该旧址为一民居改建而成，原建筑为一座平常的三合院，二层坡顶，两厢檐廊相对。建筑结构为砖木结构，柱子及栏杆受现代西式建筑元素影响，简洁明了。

图 6-6

中美合作所雄村训练班旧址
牌坊

来源：自摄

曹氏支祠崇报祠门坊，建于
清乾隆年间，四柱三间三楼
冲天式。祠堂曾被"中美合
作所"使用，新中国成立后
改建学校时祠堂尽数拆除，
只余门坊立于墙外。牌坊保
存较为完好，凸显出传统牌
坊的精美。

图 6-7

中美合作所雄村训练班旧址
来源：自摄

校舍为外廊式由一排四方的
立柱支撑，外观简洁，入口
处有几级石头阶，里面开窗
面积较大，形式与传统旧样
式显著不同。

2. 岩寺新四军军部旧址金家大院

　　岩寺新四军军部旧址位于黄山市徽州区岩寺镇。岩寺历为皖南重镇，是南路登临黄山的天然门户，素有"黄山南大门"之称。旧址及纪念地范围包括：军部旧址金家大院（含叶挺住处、政治部驻地、项英住处），军部机要科所在地洪桥，新四军练兵场、点验处文峰塔及凤山台。

　　军部旧址金家大院，位于荫山路 22 号，坐北朝南，北靠丰乐河，是典型的清代末期建筑。砖木结构楼房、平房组成一个建筑群体，包括围墙、回廊（美人靠），庭院及前、后花园。其占地约3000m²，环境清静优雅。

图6-8
岩寺新四军军部旧址金家大院鸟瞰图
来源:《安徽省全国重点文物保护单位纵览》

图6-9
岩寺新四军军部旧址金家大院沿巷围墙
来源:《安徽省全国重点文物保护单位纵览》

图 6-10
岩寺新四军军部旧址金家大院内景
来源：自摄

内院廊道上的美人靠形式简洁，一反传统的构造做法，木栅栏间距较大，分为上下两层，形状由弧形转为直线状，为近代建筑风格特征。柱间阑额宽厚比较大，其结构作用相对于传统做法减弱。

图 6-11
岩寺新四军军部旧址金家大院廊道
来源：自摄

内院廊道屋顶建造有马头墙构筑物，形式特异。

3. 中共皖南特委机关旧址

　　中共皖南委员会机关旧址，坐落于安徽省黄山市屯溪区屯溪老街 69 号，是清朝末期兴建的一栋砖木结构的二层临街楼房，占地面积 177.87m²，设有革命历史陈列馆，是黄山中心城区唯一一座保存完好的革命纪念地。

　　该旧址采用前店后宿格局。前店原为屯溪"合记春"药店，后屋为土地革命时期，闽浙赣省委在屯溪建立的皖南领导机关驻地。房屋前后三进，占地面积为 156m²。二层为展厅，陈列有文物资料及照片。

图 6-12
中共皖南特委机关旧址入口
来源：自摄

———————————

二层护栏处可看出与传统建筑样式的差别。

图 6-13
中共皖南特委机关旧址庭院
来源：自摄

———————————

内院房间门窗采用现代构造做法，并加建有木格栅，形式简洁，旁边的石砌护栏展现出西方的柱式风格，与传统徽式风格完全不同。

4. 中共皖浙赣省委驻地旧址

中共皖浙赣省委驻地旧址位于休宁县汪村镇田里村石屋坑，现一面依山，为三层砖木楼房，占地约99m²，为"安徽省重点文物保护单位"。第二次国内革命战争时期，这里是中共皖浙赣省委的常驻地之一；也是最早成立党支部、赤卫队、妇女会、儿童团等组织的地方。旧址于2014年10月进行屋面整修，并更换了腐烂的木构件。

图 6-14
中共皖浙赣省委驻地旧址外观
来源：自摄

图 6-15
中共皖浙赣省委驻地旧址天井
来源：自摄

柱础下增设石质构件，进一步提高了柱子的耐腐蚀性。

图 6-16

叶挺囚禁处旧址沿巷街景

来源：自摄

1941 年 1 月，"皖南事变"爆发。同月，叶挺被俘后，由宁国押往江西上饶途中，路过歙县时，被囚禁在当时的空军招待所（现中山巷 3 号房屋）。

图 6-17

叶挺囚禁处旧址入口

来源：自摄

入口处门洞的圆券与徽州传统样式存在着区别，与西方拱券较为相似。

图 6-18
叶挺囚禁处旧址
来源：自摄

图 6-19
叶挺囚禁处旧址
来源：自摄

图 6-20
叶挺囚禁处旧址
来源：自摄

建筑随地势而建，外向封闭，内向开放，形成独处一隅的小环境。

七、徽州近代构筑物

所谓构筑物，指不具备、不包含或不提供人类居住功能的建筑物，如牌坊、水坝、塔、桥梁、墓等建筑物。有些构筑物和人类的日常生活联系较小，如牌坊、塔、墓、碑等，主要功能为人们精神的寄托和反映。而另一些构筑物如公路、桥梁等则满足了人们出行或其他生活方面的要求，与人类生活联系密切。

1. 桥

1）石山挹秀桥

图 7-1
石山挹秀桥
来源：自摄

挹秀桥，坐落在黟县碧阳镇石山，漳河与西武河汇合处，俗称石山桥。清顺治十年（1653年），知县窦士范及绅士余启光、汪琼、吴经世捐资建造。乾隆三十四年（1769年），汪德禄重建，后被洪水冲毁。民国三年（1914年）横岗人吴矗重建，并在桥头建亭，名"吴矗亭"。桥以"黟县青"为材料，桥长55m，宽4.5m，高15m，为四孔石拱桥。桥身巍峨古朴，是全县最高的石拱桥。现为黟县县级重点文物保护单位。

2）紫云桥

图 7-2
紫云桥
来源：自摄

位于黄山风景区，揽胜桥下方，民国二十三年（1934年）建，单孔石桥，横跨汤泉溪，长20m，宽6m，因桥位于紫云峰下，故名紫云桥。

3）白龙桥

图 7-3
白龙桥
来源：自摄

位于黄山风景区，横跨白云溪和桃花溪汇合处，民国二十二年（1933年）建，单孔石拱桥，桥长18m，宽5m，桥的造型小巧玲珑，古朴精致，桥下溪水奔涌，浪花飞溅，似白龙飞舞，又因下方不远处是白龙潭，故名白龙桥。白龙桥的桥名为当时国民政府主席林森手书。

4）缘成桥

图 7-5
缘成桥
来源：自摄

位于黄山风景区，松谷庵上行500m处的丹
霞溪上，民国十一年（1922年），黟县人汪
蟾清捐筑，李法周监造，石砌单孔桥，桥长
5m，宽2m。

图 7-4
缘成桥
来源：自摄

5）送子桥

图 7-6
送子桥
来源：自摄

位于黄山风景区北部的福固寺，民国二年
（1913年），由僧能学募建完工，拱形石
古桥，又名充重兴桥，去神仙洞盘道经过
此桥。

2. 塔

　　塔是一种在亚洲常见的，有着特定的形式和风格的传统建筑。最初是供奉或收藏佛骨、佛像、佛经、僧人遗体等的高耸型点式建筑，称"佛塔"。古印度埋葬佛祖释迦牟尼火化后留下的舍利的一种佛教建筑，窣堵坡，汉代时传入中国与中国本土建筑相结合形成了中国式的塔。随着佛教在东方的传播，窣堵坡也在东方广泛扩散。14世纪以后，塔逐渐世俗化，发展出了极具东方特色的"中式塔"传统建筑形式。

李法周居士塔

图 7-7

李法周居士塔

来源：自摄

位于黄山风景区的游览道旁，大王松附近。塔高1.5m，石质结构，塔身刻有"金陵李法周居士塔，中华民国三十年（1941年）冬月立"字样。

3. 戏台

馀庆堂

图 7-8
馀庆堂
来源：自摄

图 7-9
馀庆堂
来源：自摄

馀庆堂古戏台，位于祁门新安乡珠林自然村，建于清咸丰年间（1851~1853年）。珠林自然村四面环山，龙溪河绕村而过，山清水秀，景色宜人。珠林村村民以赵姓为主，据考，赵氏祖甘肃天水郡，后分支迁徙祁门新安乡老屋下村，子孙繁衍，赵友善一支又迁珠林，咸丰初年由赵友善的第八代孙赵昌阳、赵五保两人牵头建祠，因老屋下祖祠名"积庆堂"，珠林赵氏一世祖名"友善"，取其"积善之家，必有余庆"之意，命名"馀庆堂"。又因珠林村前一条小河名为龙溪河，所以古戏台又称"龙溪天水万年台"。

4. 堂

百寿堂

图 7-10
百寿堂
来源：自摄

位于黄山风景区，回龙桥西的登山道旁，民族式平房，石墙木柱，筒瓦屋顶、外走廊、刻花木门。民国二十九年（1940年）建，建筑面积123.31m²，此房由姚文采用赈济公款兴建，作为庆贺许世英七十寿辰的寿堂，故名百寿堂。现为安徽省武警六支队的营房。

5. 亭

1）排云亭

图 7-11
排云亭
来源：自摄

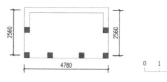

图 7-12
排云亭
来源：自绘

位于北海景区，西海大峡谷最北端的入口处，建于民国二十四年（1935年）。亭高4.3m，面积14m²，花岗岩石质结构，亭呈长方形，三面通透，后墙用花岗石条石垒砌，西海大峡谷中云雾多在此亭之下，故名"排云亭"，亭额为原国民政府司法次长余绍宋题写。亭前有铁索石栏杆，游人在铁索上挂满了各式各样的连心锁，堪称黄山一大奇观。立于亭前，可以饱览落日晚霞、云海、倒挂靴、仙人晒鞋、仙人踩高跷、武松打虎等巧石、峡谷等，景观尽收眼底。

2）立马亭

图 7-13
立马亭
来源：自摄

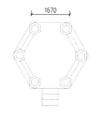

图 7-14
立马亭
来源：自摄

位于黄山风景区西侧，面对朱砂峰（又名青鸾峰），建于民国时期。亭高5.2m，面积约为10m²，花岗石质结构，亭前可观立马峰崖壁"立马空东海，登高望太平"巨型摩崖石刻，故名"立马亭"。

八、徽州近代建筑特征

1. 徽州近代建筑风格特征
2. 徽州近代建筑空间形态特征
3. 徽州近代建筑地域细部特征

1. 徽州近代建筑风格特征

　　建筑的造型特征是建筑形式及建筑风格最直观的反应，也是建筑文化最重要的载体。徽州近代建筑造型特征的发展与演变体现了文化交融的过程。与传统建筑相比，近代建筑的最大差异在于建筑造型设计观念的融入与发展，而不同的建筑外观造型特征也是建筑风格的一个重要决定因素。徽州地区处于内陆地区，由于文化、经济、技术等因素的限制，徽州地区建筑的类型和形制相较于沿海开埠城市地区不够多样性，其主要的发展路径为延续传统和模仿西式。依据其风格特征将其归纳为"承续型"和"影响型"。延续传统的建筑即是"承续型"建筑，这类建筑延续了徽州传统建筑造型特征，并在此基础上有一定发展；而模仿西式则是"影响型"建筑，这类建筑在徽州传统建筑的基础上融合了西方的建筑特征，体现了西方建筑文化在近代时期对徽州建筑的影响。

徽州近代"承续型"建筑

徽州近代"承续型"建筑是指那些建造时期在近代，延续了徽州传统建筑风格的建筑。所谓承续，即是对传统建筑的继承和延续，可谓是徽州传统建筑沿着时间发展的一个阶段性产物。大多数承续型建筑继承了传统建筑的建筑风格特征，可谓"承"，数量较多；而也有部分建筑在延续传统建筑的发展基础上产生了一些新的变化，但是本质上仍然未体现出较明显的西化倾向，可谓"续"，数量较少。

1）传统建筑的延续

近代徽州承续型建筑数量相对较多，且分布广泛，几乎每个村落中都可以发现。这些建筑一方面反映了徽州地区根深蒂固的传统文化，另一方面则成为近代建筑演变的一个重要原型和参照。

传统徽州民居多为两层楼居，规模不一，但基本的空间构成元素是一致的，主要有入口空间、天井空间、厅堂空间、厢房空间等。传统民居以天井空间和厅堂空间为核心，一般位于民居的中轴线上。天井空间是民居通风采光的主要场所，而厅堂空间是传统民居的起居室，是等级最高的空间单元。厅堂空间与天井空间形成了徽州民居的基本单元"进"，通过"进"的串联或并联形成了传统徽州民居的平面形式。此外徽州民居著名的三雕——砖雕、石雕、木雕得到了传承和发展。结构上，传统民居继承了抬梁穿斗混合式的结构体系。根据建筑本身的情况而变通，一方面整体节省建筑材料，另一方面满足建筑空间的使用要求。另外，传统民居外立面开窗面积非常小，山墙多使用空斗砖，高且实，大多使用封火墙。高低错落的封火墙与青砖黛瓦的主体民居建筑，形成了徽州村落的整体格局。传统民居因而能够延续古徽州的建筑风格，融入村落。

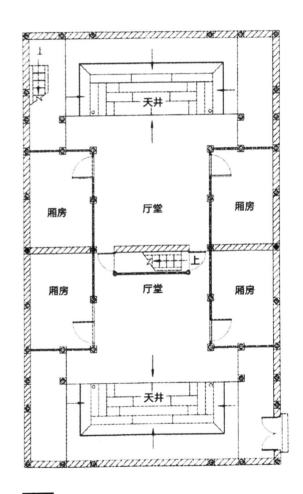

图8-1

婺县南屏村敦睦堂
来源：自绘

2）传统建筑的变革

　　承续型建筑大多数延续了古建筑的发展轨迹，但是也有部分传统建筑产生了变异。这些建筑虽没有体现出明显的近代化特征，但是其演变过程却与近代建筑不谋而合。这也证明了徽州传统民居是近代建筑演变的重要原型之一。

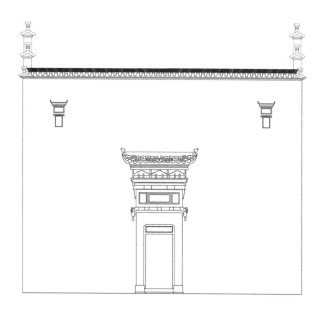

图 8-2
倚南别墅立面图
来源：自绘

虚实比 1∶28。

从图中可以看出，近代徽州"承续型"民居立面的虚实比趋于 1∶20～1∶30 之间，这相对于传统民居的虚实比（1∶40 以上）已经有所提高，但是相对于近代建筑仍然较低。而沿街商业店铺以木制门窗为主，下层为铺满的木板门，上层多用木雕刻花栏杆和花窗，则图底关系恰好相反，沿街立面变化丰富，呈现相对虚空和外向的状态，这和其功能要求也是相符合的。

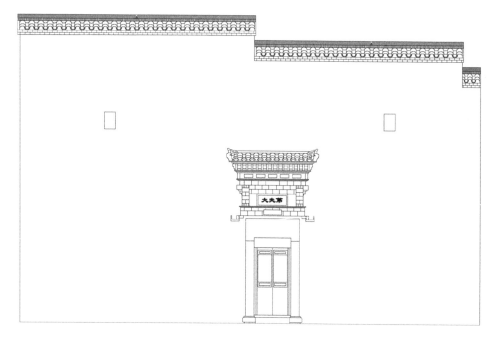

图 8-3
慎思堂立面图
来源：自绘

虚实比 1∶22.5。

徽州近代"影响型"建筑

　　影响型建筑主要是指受西方建筑文化影响产生变异的近代建筑。是一种将西方建筑文化和徽州地域文化相结合而产生的建筑类型，又可称为中西合璧式建筑。这类建筑在徽州地区数量较少，但是因其出现了明显的变异，故被冠以"洋"名，如黟县南屏村的"小洋楼"。

　　"影响型"建筑大体可以分为两种，一种是传统建筑为主，局部结合西方建筑元素的建筑，虽然能看出明显的西方建筑的造型特征，但其对于西方建筑的学习只是停留在建筑局部上，整体仍然显示出较强的徽州建筑特征，可以称其为局部模仿型建筑，此类建筑出现的时间相对较早；还有一种建筑是整体模仿了西方建筑的外观造型特征，但建筑布局沿用了徽州传统建筑的布局形式，表面上看与西式风格较为接近，视为整体模仿型建筑，这一类建筑数量较少，而且建造时间也相对较晚。从"局部模仿型"到"整体模仿型"建筑，体现了徽州建筑文化与西方建筑文化结合的渐进过程。

1）西式建筑的局部模仿

　　这一类建筑的发展，总体上可以分为两段时期，第一段为起始期，约从 1840 年到清末。这段时期的中西合璧式建筑主要呈现出碎片化的发展方式，主要由返乡的徽州商人、留学生所建，建造目的多为"猎奇"心理，如黟县南屏村小洋楼、南薰别墅、宏村镇江村刘宅等。这一时期的中西合璧式建筑虽然融入了西式建筑元素，但整体仍然偏向徽州传统风格。这段时期中西合璧式建筑多遵循"中学为体，西学为用"的建造思想，对于建筑的空间格局并未做多少改变，主要吸收了西方建筑文化的建筑造型特征，使之与徽州传统建筑的立面造型相结合，由于其模仿的多是西方古典主义及"巴洛克"式建筑风格，从而形成一种特殊的"徽州巴洛克"式建筑风格。这段时期的徽州近代中西合璧式建筑并没有非常明显的西式特征，仅仅是局部的模仿，即便如此很多中西合璧式建筑仍被村中人称为"洋楼""洋屋"，这反映了传统徽州文化思想的根基深远。

　　第二阶段为发展期，时间段在民国时期。彼时由于中国社会结构的变革，新思想、新文化已经有了一定的社会基础，反映在建筑上，徽州地区所建的近代建筑已经较多地涉及了空间格局的改变，如旌德江村黟然别墅、婺源县豸峰村涵庐等。随时间推移，至近代后期可以发现建筑风格整体偏向西式，号称"深山总统府"的婺源县庆源村詹励吾母宅便是最好的例证。

图 8-4

屯溪老街沿街店铺

来源：自摄

———————————

图示为入口柱式基础，为西方式样的简化。

2）西方建筑的整体模仿

　　整体模仿型建筑在风格上已经基本接近西式建筑风格，但其建筑功能布局仍然继承传统建筑的布局，并在此基础上产生了新的变异，如知还山庄南立面加了外廊，在外廊的两侧增加了外凸部分，比较接近西式建筑布局中"阳台"的概念。整体模仿型建筑的数量很少，建筑时间多在民国后期，主要实体为由西方传教士所建教堂或礼拜堂，如屯溪老街137、139号。除教堂建筑之外，还有黟县碧山十三门祠堂（大本堂）、黄山区耿城镇沟村知还山庄等。

　　徽州地区整体模仿型建筑数量较少，且出现时间较晚，相对于近代传统建筑和中西合璧式建筑，其立面造型与徽州传统建筑造型差异较大，显示出了更强的设计性，整体看上去已经基本失去了徽州传统民居的建筑风格。

图 8-5

屯溪老街沿街店铺

来源：自摄

图中所见立面形态与徽州传统商业建筑立面俨然异样，混杂了多样的西式建筑符号语言，显示出设计者对彼时西方建筑文化的理解与吸收：立面被粗细不均的线条大致划分为"五段"，或许是模仿了西方建筑文化曾盛行的仿古典"横三竖五"样式的处理手法；入口居中，由简化了的西方柱式及半圆形的券组成，颇有"巴洛克"风格的意味。

2. 徽州近代建筑空间形态特征

　　建筑的空间形态特征主要是由建筑的功能布局及空间的体量与尺度所决定的，建筑的功能布局体现了建筑的使用者对于建筑空间的划分和安排；而建筑空间的体量与尺度则是建筑使用者对于各个功能空间的大小的要求。由于徽州传统思想的根深蒂固，徽州近代建筑仍大多延续着徽州传统建筑的空间形制，即便出现具有西化特征的局部模仿型建筑及整体模仿型建筑，其建筑空间仍然遵循着徽州传统建筑空间的功能布局，整体上并未脱离徽州传统建筑的空间形制。

徽州近代民居建筑功能布局的演变

　　建筑的功能布局体现了建筑使用的具体要求，也能一定程度地反映地域文化。徽州地区重视宗族礼制，强调程朱理学为代表的儒道文化，因而在建筑空间的营造过程中极其重视礼仪空间的塑造，表达礼仪性，且礼仪空间的重要性往往大于居住空间。因此，在平面功能布局上形成了一种较强的秩序性。但近代时期，这种秩序性在一定程度上削弱了，更加关注舒适性，如增加了回马廊等优化的功能形式。

图 8-6
汪宅回马廊
来源：自摄

徽州传统民居的功能布局特征体现了当时徽州传统社会的宗法礼制及其观念形态。宗法制度在提倡聚族而居的同时，与封建礼教一同为宗族中的居住宅院规范了一套内外有别、尊卑井然的空间秩序，如传统建筑平面形制多为中轴对称，一层多为家庭男主人所居，二层则多为女眷及小辈所居，因此建筑平面多设计两条流线，一条为男主人和客人所走的正门的流线，而往往设计偏门流线供女眷等人行走，以求流线互不交叉。徽州传统建筑的主体部分多以天井空间和厅堂及厢房的组合形成"进"为组织单位，再通过"进"的排列组合而形成建筑的主体空间。徽州传统建筑的平面形式大体可分为"凸"字形、"回"字形、"日"字形、"H"形等，具体如图8-7所示。

形制	特征	图例（示意）
凹形	三间一进楼房，有厢房的成为一明两暗，无厢房的成为明三间，开间与进深基本相同	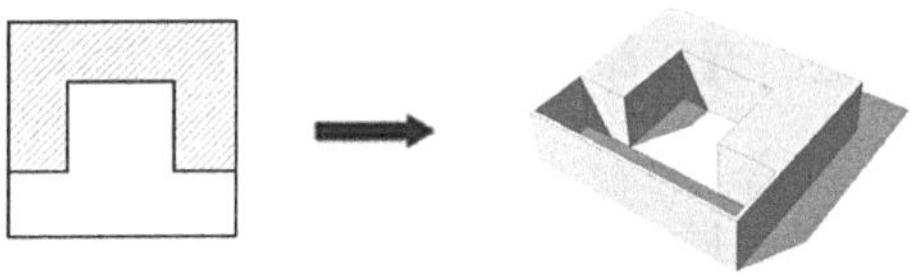 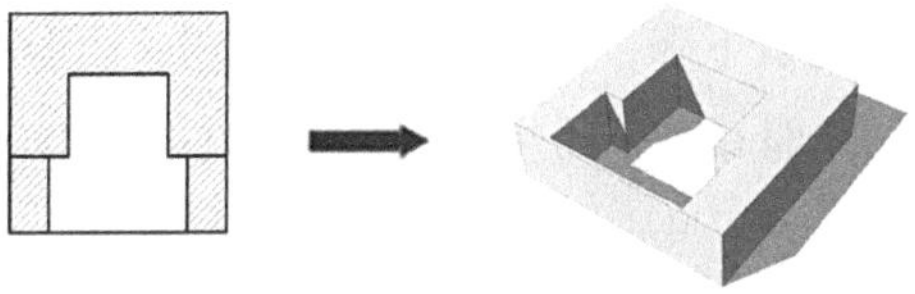
回形	三间两进楼房，为上下厅堂，两组三间式相向组合，中间为明堂天井	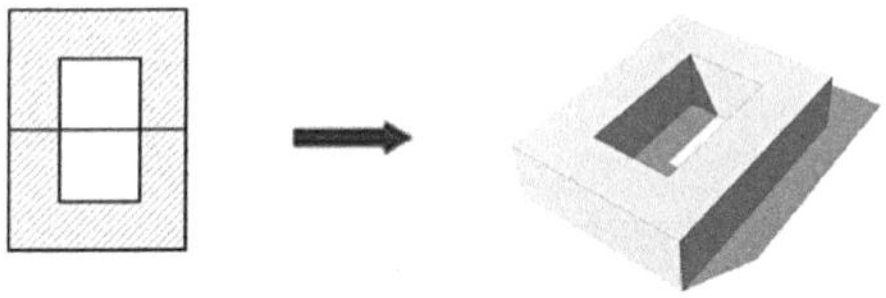
H形	中间为两个三间式相背组合，前后各有一个天井，前面天井一侧沿正面高墙，后面天井一侧沿后高墙，中间两厅合一屋脊	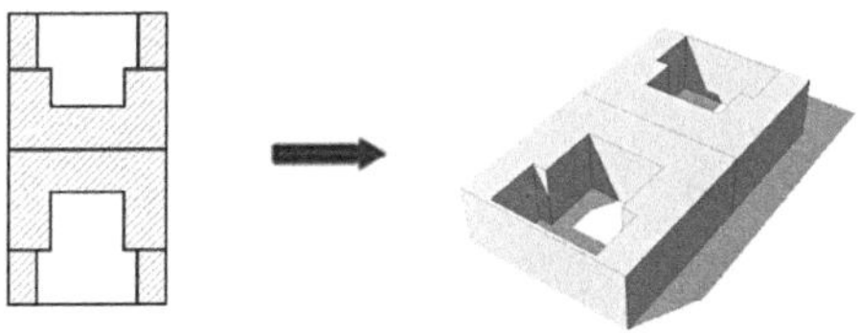

图 8-7
民居平面形式
来源：自绘

步入近代，受新文化、新思想的影响，徽州传统民居的秩序性有了一定的削弱，但是其建筑功能布局仍未脱离传统的"进"的排列组合方式，并未从根本上消解。

若将徽州传统民居按其私密性来分可以大体分为"堂"空间和"房"空间两部分。"堂"空间为公共空间，或可称为礼仪空间，是民居中的核心部分。一栋民居中必然包含两个"堂"空间，一是会客、接待所用的厅堂；另一个则是设置祖先牌位以祭祀的祖堂。"房"空间则主要为私密空间，是民居中的私人生活空间。

徽州民居的主体空间便是以堂、房、天井空间三部分中的两种或三种空间组合成为基本单元"进"，再由"进"的排列组合而形成整个民居的主体。"进"的形制多为三开间，大体有以下四种类型（图8-8）：

A."进"有两部分，前部分为天井空间，后部分为堂。

B."进"有两部分，前部分为天井空间，后部分中间为堂，在堂的左右布置房。

C."进"有三部分，前部分由两侧的房和中间的过厅构成，中间部分为天井空间，后侧为堂。

D."进"有三部分，前部分由两侧的房和中间的过厅构成，中间部分为天井空间，后侧由中间的堂和两侧的房构成。

A~D是民居"进"单元不同的排列组合形式，根据厅堂空间所占的比重反映出了不同的礼仪性，A型"进"单元中，后部分皆为堂空间，堂空间所占的比重较大，反映出了较强的礼仪性；B型和C型"进"单元相对于A型，厅堂空间比重下降，礼仪性也相应减弱；而D型"进"单元中，其厅堂空间的比重最小，厢房比重最大，反映出其礼仪性的减弱和对于居住、生活舒适性的追求。

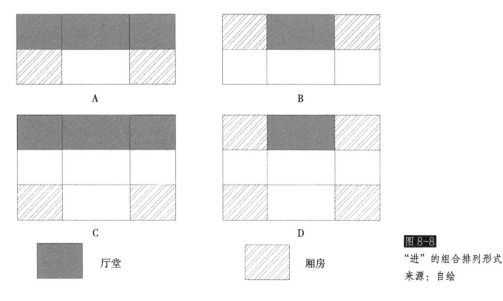

图 8-8
"进"的组合排列形式
来源：自绘

以歙县呈坎村由明代至民国时期的 13 栋民居为例（图 8-9）。由这 13 栋民居的中心部分平面图可以看出，这些民居皆是由这几类基本"进"单元组合排列而形成，根据"进"的数量可以分为一进型、二进型、三进型的组合方式，其排列方式如下：

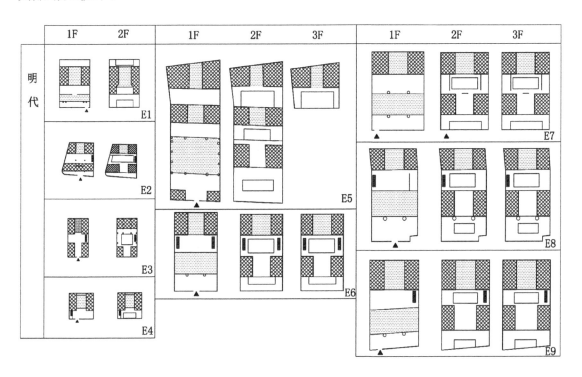

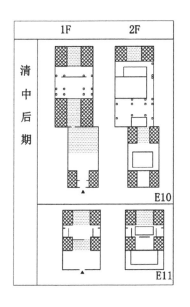

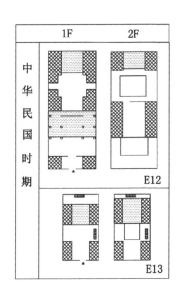

图 8-9
呈坎 13 民居主体部分平面图
来源：自绘

☐ 厅堂
▨ 厢房

由表 8-1 可以看出，明代二进型及三进型民居除案例 E1 外第一进都使用了 A 的单元空间，皆为"堂"空间，礼仪性非常强。第二进都使用了 B 的单元空间，皆为"房"空间，主体为居住空间。而三进型的第三进也都使用了 B 的单元空间，为居住空间。但是与第二进相比反映了相对较弱的附属性。

从清中期和民国时期的民居空间实例可以看出，相对于明代较为固定的空间序列形式，其空间组合有了较多变化，中心部分第二进（及一进型的进）与明代一样反映出来的功能特性是以居住为主的 B 和 D，为居住功能。但是第一进使用了 C 或 B 的组合形式，反映出礼仪空间的削弱，可见清代中后期民居更加注重居住的实用性，而此前所形成的秩序性已被削弱。

明代：

序号	E1	E2	E3	E4	E5	E6	E7	E8	E9
排列组合方式	A–B–B	A–B	D	B	C–B–B	A–B	A–B	A–B	A–B

清代：

序号	E10	E11
排列组合方式	C–B–B	B–B

民国时期：

序号	E12	E11
排列组合方式	C–D	D

表 8-1
呈坎民居主体部分"进"的排列组合形式
来源：自绘

近代时期，大部分徽州建筑的内部空间形制大体上继承了传统形制。但是在部分"影响型"建筑中，建筑空间的尺度和比例相对于传统形式而言发生了变化，开间增大，建筑内部空间的狭长感减弱；还有建筑对天井空间进行了改造。这些都体现出近代时期徽州民居对于建筑功能的实用性及舒适性的追求。

建筑的尺度与体量是建筑在三维空间上的量度，近代建筑的功能需求决定了它的体量大小及变化。传统建筑以二层为主，部分三层，此外徽州地区男子多外出经商，家里多老人及妇孺，出于防盗防火的要求，不仅门窗洞口较少，且多设置高墙，以营造封闭的内部环境。建筑内部层高较高，尤其是首层空间，这样的空间营造产生了一种较为压抑的空间美学氛围。徽州传统建筑中的厅堂空间较大，但是居住空间的厢房开间较小，进深较深，因而显得较为狭小，较高的层高加剧了这个效果，空间感不舒适。这更突显了徽州人对于礼仪空间——厅堂空间的重视程度，说明了徽州人对于礼仪秩序的追求。

图 8-10
鲍少安宅主入口
来源：自摄

图 8-11
鲍少安宅山墙
来源：自摄

徽州传统民居因为防火防盗的要求，多设置封闭的封火山墙，开窗非常少，使得建筑内环境相对封闭。近代时期，有部分建筑通过设置外廊或是将美人靠外移而形成外廊打破了这种封闭的环境，使得建筑内部与外界有了更大范围的接触。如黟县宏村镇江村刘宅，南屏村冰凌阁、南薰别墅等民居，在二层外侧加了一个开放式的廊道。婺源县李坑村某宅，将用于内廊的美人靠移至外墙。

　　日本学者藤森照信认为外廊式建筑的出现是中国近代建筑的起点，虽然这个观点在中国近代建筑研究中颇具争议，但是不可否认的是外廊式建筑所代表的"殖民地"风格建筑是中国近代建筑的重要组成部分。而徽州近代建筑中所出现的廊道外移类的建筑则应当被称为部分外廊式建筑。无论是局部模仿型建筑中的宏村镇江村刘宅，南屏冰凌阁、南薰别墅等，还是整体模仿型建筑的知还山庄，其外廊的朝向基本是面向建筑的内院，且只有单侧廊道。

图 8-12
冰凌阁外廊
来源：自摄

近代时期徽州地区的外廊式建筑无疑是徽州地区中西方文化交融的典型案例，但这些外廊式建筑基本都只设置了单廊，大多无法在立面上体现，因此可以看出徽州传统文化的稳定性。在传统文化的束缚下，大部分徽州建筑无法突破独栋建筑固有的设计思维，只是在其建筑内部或建筑外观上进行其自身的变革，并未影响到周围的其他建筑，这体现出了徽州近代建筑的非整体化演变，对于徽州传统建筑的村落格局并没有形成大的影响和冲击。

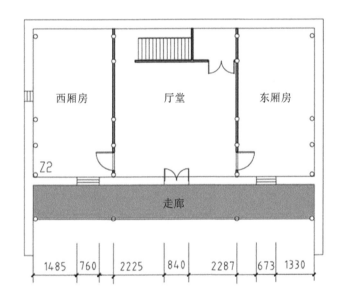

图 8-13

江村刘宅二层平面廊道示意图
来源：自绘

回马廊是连接二层各个房间的廊道，多绕天井一周，是一种交通组织方式。由于回马廊占据的空间较小，且可以合理组织人流从汇聚到疏散，因此，可以达到优化空间质量，满足多人居住的使用要求，是一种较为先进的交通组织形式。徽州传统建筑中，回马廊这种特殊的组织方式并不多见，而是多使用"美人靠"——一种多设置在二层天井周围的靠椅，以供居住在二层的居住者休憩和观景，由于二层多为女性居住，故称为"美人靠"，又称"飞来椅"。近代时期，徽州地区的"美人靠"逐渐演化成"回马廊"的形式，出现了许多实用回马廊的案例。

3. 徽州近代建筑地域细部特征

       徽州传统建筑经过了数百年的发展与沉淀，形成了青瓦屋顶、马头墙、门楼等一些具有徽州地域文化特征的建筑元素。这些元素成了徽州建筑的象征，塑造出了徽州建筑特有的个性。近代时期，因异质文化的介入以及徽州地区社会经济的发展，徽州建筑表现出了一定的简洁化和几何化，深刻地反映了不同文化的碰撞和交融，各组成元素及装饰也逐渐改变了这些建筑元素的外在形式。

屋顶

中国传统的屋顶有悬山、硬山、攒尖、重檐、歇山、庑殿几种形式。屋顶类型的不同决定着建筑的结构构造、排水散热等物理功能的不同，同时也象征着建筑主人的阶级和地位。徽州传统建筑大部分吸收了中国传统建筑的屋顶形式，同时也有自己的形制特征，传统民居由于受到封火山墙的影响，主体部分多为双坡硬山或悬山屋顶。由于徽州地区多雨，所以屋顶的坡度较大以方便排水，并多设置举折，屋面瓦多为小青瓦。近代，徽州传统民居有相当一部分仍然延续了硬山或者悬山的双坡屋顶，但是也有部分取消了封火山墙，形制已经由双坡屋顶改成了四坡屋顶，同时减小了屋顶的坡度，如中西合璧式以及整体模仿型建筑。

传统屋顶形制

图 8-14
传统双坡屋顶形制
来源：自摄

门楼

　　徽州传统民居的门楼实际上是由"门"和"楼"两个元素组合而成的，根据形制的不同可分为门罩式、牌楼式和八字门楼式，形制和砖雕的烦琐程度反映了建筑物的等级和规格，同时也彰显了家庭的经济实力和文化涵养，传统门楼多雕刻精美，造型复杂。

　　近代时期，对于门楼中的要素"门"而言，绝大多数建筑延续了传统的石库门式大门；对于要素"楼"而言，一部分近代建筑延续了徽州传统民居的形制，也有部分发生了变异。

1）徽州传统民居门楼的延续

　　多数近代民居继承了传统徽州建筑的门楼形制，如黟县南屏的冰凌阁延续了传统的门罩式门楼。

2）徽州传统民居门楼的简化

　　简化的门楼在近代民居和中西合璧式民居中都有发现。近代后，较多民居的门楼雕刻变得更加简洁，门楼砖雕的繁杂程度不及从前，更有一些取消了门楼的砖雕，只保留了大致外形。加之新思想、新文化的影响，人们更追求建筑的功能性与实用性，使得具有装饰性质的门楼被简化处理。

图 8-15
汪小香宅立面
来源：自摄

3）徽州传统民居门楼的异化

　　异化的门楼主要出现在中西合璧式建筑中，表现出建筑所有者对于西方文化的模仿和吸收，更多的则是一种心态的开放和包容。

图 8-16
门楼异化形式
来源：自绘

图 8-17
大北街集和堂药店门头
来源：自摄

图 8-18
歙县某民居入口
来源：自摄

4）徽州传统民居门楼的消失

　　门楼属于徽州传统建筑的装饰元素，雕刻精美，造型复杂，徽州近代整体模仿型建筑及部分中西合璧式建筑不再使用门楼。

图 8-19
詹励吾母住宅入口
来源：自摄

特点：詹励吾母住宅入口不再使用造型复杂的门楼，只保留了"门"。

图 8-20
歙县某民居入口
来源：自摄

特点：图示为某局部模仿型建筑的入口，入口依传统做法呈一定角度倾斜，但门洞呈圆券形，是近代时期惯常的处理方式。

门窗

门窗的形式

（1）传统民居门窗

传统民居的门窗形式单一，矩形洞口居多，且外立面窗洞口的数量较少，洞口尺寸也比较小，是为了满足建筑"聚气"的要求，多在建筑高处开气孔以通风之用。

（2）近代民居门窗

近代时期，由于建筑整体外观趋于开放，同时由于玻璃的出现，使得徽州建筑的窗洞不仅在形制上产生了变异，在使用功能上也发生了改变，由传统的主通风功能转变为主采光功能。

建筑开窗不仅在数量上增多，且尺寸上增大，并出现了较多多边形窗组合案例，这使得建筑立面趋于开放；同时，窗作为建筑立面元素的视觉地位上升，成为立面造型的重要元素之一。窗的形制的改变，不仅从侧面反映了徽州近代时期对于建筑造型的重新思考，同时体现了"新"文化对传统建筑的影响。

图 8-21

小洋楼立面

来源：自摄

————————————

特点：小洋楼立面并未采用封火山墙面，而是四边形平面形式，立面开洞数量和面积明显超过了传统建筑，且窗的形制多样，有传统的方形窗和徽派小窗，还有古罗马式拱形窗。

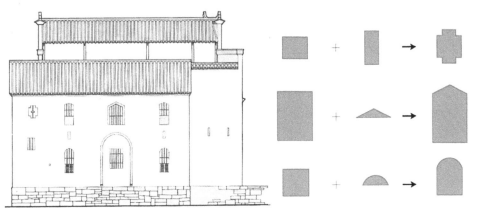

图 8-22

岑峰村潘宅立面

来源：自绘

————————————

特点：岑峰村潘宅立面开窗数量增加，且窗的组合形式多样，由多种几何形组合而成，增加了建筑的开放性。

楼梯

徽州传统建筑楼梯多设置于天井两侧（明代），或厅堂太师壁后侧（清代）。楼梯形制简单，多为直线型单跑楼梯；楼梯梯段宽通常为0.6m左右；楼梯坡度较陡，通常大于45°（1∶1），更有甚者接近60°（1.7∶1）；楼梯踏步多只有10到15cm宽，楼梯多不设扶手，或置以长竹、长木条作为建议扶手，且楼梯空间阴暗，使用起来极为不便。清代后，徽州人从"楼居"转变为"地居"，主要在底层活动。二层或三层通常为女眷、小姐住所，且徽州自古有女性裹脚习俗，因而踏步较窄。可以看出古徽州重男轻女思想严重，楼梯在建筑中并非重要的空间。

近代时期，传统建筑仍然延续了这样的楼梯形制。而中西合璧式建筑和整体模仿型建筑则发生了改变，出现了新式的楼梯，如黟然别墅和涵庐某处的折线形楼梯，还有知还山庄采用了三跑楼梯，并设置了踢面防止人踩空发生意外，其规格和形制无异于西式楼梯。规格上，涵庐楼梯的坡度最大为1∶1.6，最小为1.1∶1，黟然别墅则达到了1∶1.37，可见楼梯坡度已经减缓，更考虑使用者的舒适感。

图 8-23
四宝堂
来源：自摄

装饰

徽州传统民居的装饰类型主要包括三雕（砖雕、石雕、木雕）、彩画和楹联匾额。这些装饰在内容上体现了徽州地区的传统文化及价值观念，形式上也显示了徽州地区匠人的精湛技艺。徽州民居装饰中，以三雕最为著名和常见，正所谓"无宅不雕花"。徽州民居雕刻形态复杂，雕刻精美，结合材料特性与构件需要装饰于不同位置，不仅使得空间产生富丽华贵的氛围，也提高了空间的相对尺度。三雕中，木雕多饰于室内木构架、构件；石雕多饰于柱础、户对和牌坊等；砖雕多饰于门楼部位。

清末，徽州经济整体衰落，民居对于装饰的要求下降，趋于简化；新文化的影响下部分民居装饰趋于几何化。首先，发生变化的为门楼砖雕。室内雕饰的简化也较为明显。如宏村镇江村刘宅，梁、柱已无雕刻，仅栏杆、挂落处有较大范围的木雕，且形制较为简洁，斜撑处雕刻相对复杂，但是却使用了少见的圆形，这也是装饰几何化的表现；豸峰涵庐的门扇处无雕刻，而是镂空了圆形和方形，更加体现了近代徽州民居装饰简化和几何化的特征，而整体模仿型建筑的装饰则已基本脱离了传统形制。

图 8-24

许村许声远宅

来源：自摄

后 记

　　徽州近代建筑作为一段历史沉淀的实体，承载着徽州人智慧和文化传承，仅此梳理还远远不够。本书仅对现存部分近代建筑进行了调研总结，尚缺少对史料的考证和进一步挖掘。

　　本书是在安徽省高校自然科学基金的支持下完成的，其间也得到了黄山地区的建设部门、文物部门的鼎力支持，同时我们课题组的金乃玲教授、贾尚宏教授以及戴慧老师等也付出了艰辛的劳动，特别是近两届研究生李文生、柏天昊、吴奇、刘昊、岳凌、季文超、候山、杨冰冰、闫庆洋、耿小旭等同学利用了诸多假期时间进行实地调研、现场测绘和相关资料的归纳整理以及裴鹤鸣同学无私地提供各种帮助，在此一并致谢！

　　由于项目实施年限较短，编者专业水平有限，尚存诸多待完善之处，欢迎读者给予批评指正！

编著

2018 年 8 月